高等职业教育"互联网+"新形态一体化教材

产品设计程序与方法

主　编　毛锡荣　张婷婷

副主编　单　英

参　编　汤维龙　江金洪

机械工业出版社

CHINA MACHINE PRESS

本书是苏州工艺美术职业技术学院新形态一体化教材建设项目重点教材。"产品设计程序与方法"是工业设计专业学生的必修课程之一，本书主要内容包括设计程序概述、设计中的主要调研方法、产品设计定位、设计方案的快速表达、产品设计的方案评估及优化。

本书可作为高等职业院校工业设计、产品设计、服装与服饰设计等专业学生的教学用书，也可作为相关从业人员的参考用书。

本书配有二维码资源和电子课件，凡使用本书作为教材的教师可登录机械工业出版社教育服务网 www.cmpedu.com 注册后免费下载。咨询电话：010-88379375。

图书在版编目（CIP）数据

产品设计程序与方法 / 毛锡荣，张婷婷主编 . —北京：机械工业出版社，2024.3

高等职业教育"互联网＋"新形态一体化教材

ISBN 978-7-111-74988-2

Ⅰ . ①产… Ⅱ . ①毛… ②张… Ⅲ . ①产品 - 设计 - 高等职业教育 - 教材 Ⅳ . ① TB472

中国国家版本馆 CIP 数据核字（2024）第 039924 号

机械工业出版社（北京市百万庄大街 22 号 邮政编码 100037）
策划编辑：刘良超 责任编辑：刘良超
责任校对：张爱妮 陈 越 封面设计：马若濛
责任印制：刘 媛
涿州市般润文化传播有限公司印刷
2024 年 4 月第 1 版第 1 次印刷
184mm×260mm · 6.75 印张 · 127 千字
标准书号：ISBN 978-7-111-74988-2
定价：39.80 元

电话服务 网络服务
客服电话：010-88361066 机 工 官 网：www.cmpbook.com
　　　　　010-88379833 机 工 官 博：weibo.com/cmp1952
　　　　　010-68326294 金 书 网：www.golden-book.com
封底无防伪标均为盗版 机工教育服务网：www.cmpedu.com

前言
Preface

  "产品设计程序与方法"是一门帮助设计人员提高设计效率和工作准确性的课程。合理有效的设计流程,有助于设计人员全面开展产品的外观设计、产品功能设计等工作。专业高效的调研方法,能够帮助设计人员准确地分析市场、抓住用户痛点、寻找设计灵感和进行设计实践。对于设计调研而言,调研对象已经从单一产品转变为综合复杂的系统,包括服务系统、空间环境以及需求多元化的用户群体。面对纷繁变化的世界和日常生活中遇到的各种问题,作为设计类专业的学生,更应当善于观察、勤于思考、发现问题,并运用恰当合理的专业方法,分析梳理核心问题,提出切实可行的解决方案。

  党的二十大报告指出:"推进教育数字化,建设全民终身学习的学习型社会、学习型大国。"为响应党的二十大精神,本书制作了视频资源,以二维码形式放置于相应知识点处,学生用手机扫描二维码即可观看相应资源,丰富了教学手段,有利于信息化教学。

  本书吸纳了国内外产品设计领域的前沿方法和理论,结合专业领域的研究实际,对产品设计中的常用程序和各类实用的调研方法进行了介绍。本书内容体系科学规范、深入浅出,并且配有大量图表和经典设计案例,可操作性强。

  本书由苏州工艺美术职业技术学院毛锡荣、张婷婷担任主编,浙江经济职业技术学院单英担任副主编,南宁职业技术学院汤维龙、四川交通职业技术学院江金洪参与了本书编写。

  本书在编写过程中得到了苏州工艺美术职业技术学院各级领导和老师的帮助和支持,在此致以诚挚的谢意。

  由于编者水平有限,书中错漏之处在所难免,恳请广大读者批评指正。

编　者

二维码索引

IV

目录
Contents

③ 第三章　产品设计定位 ………………… 037

④ 第四章　设计方案的快速表达 ……………… 071

⑤ 第五章　产品设计的方案评估及优化 ………… 085

1 第一章
设计程序概述

1.1 什么是设计程序

　　设计程序是一种系统性解决问题的策略，具有一定标准化与约束性的特点。无论是工程师、建筑师、科学家，还是其他领域专家，尽管他们在工作的各个阶段需要完成的特定任务有很大的区别，但都可以使用设计思维与方法来解决各种问题。在产品设计过程中，以一定程序引导设计人员的思维，可以激发他们产生更多创意，从而获得更优化的结果。设计程序是一种从已有经验中提炼得到的系统性流程，可以帮助设计人员对设计过程中的产品进行定义和策划。

　　在设计程序的开端，应该避免预设对与错的判断标准。如图 1-1 所示，设计程序是一种让设计人员提高创造力、生产力和工作准确性的方法。它并不是一个严格的步骤列表，而是一个可以用来提高工作成效的工具。从本质上看，每个设计过程的核心目标是满足客户或最终用户的期望需求。将产品设计程序应用在项目中，可以使设计人员的工作更加高效、透明，专注于创造满足用户和市场需求的高质量产品，充分挖掘产品的实用性和商业价值，从而令设计取得成功（图 1-2）。

　　为什么设计程序在产品设计中如此重要？有些设计人员试图依靠灵感或难以具体把握的创造力来寻找符合要求的创意。但从长期来看，他们很难做到每一次都快速找到创意灵感。同时，即使设计人员偶尔会有突如其来的灵感，但仅靠灵感得到的解决方案往往无法解决项目的本质问题。

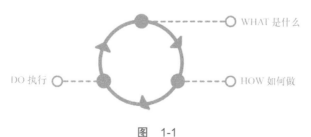

图　1-1

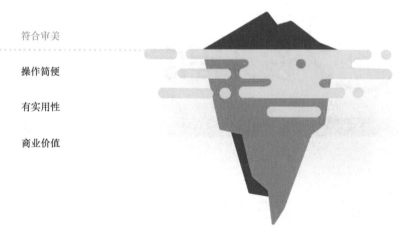

符合审美

操作简便

有实用性

商业价值

图 1-2

  一个项目如果包含多个子问题，在这种情况下运用设计程序，可以很好地解决这些问题，而不必将希望寄托在设计人员自身的灵感之上。

  设计程序听起来似乎是有局限性的，但从长远来看，其目的是帮助设计行业的从业者们更具创造力和专业性。许多设计人员喜欢省略必要的计划和步骤，因为这对于他们而言似乎是可有可无的。但是如果他们创造的结果不符合设计要求和客户期望，就会导致事倍功半的结果。

  遵循设计程序，设计人员可以避免在工作中走弯路，虽然在项目规划阶段工作量会比较大，但依旧值得去做。设计程序有助于设计人员在不完全依赖灵感和某些感性因素的情况下，在设计活动中具备足够多的可靠性和创造力。在设计活动中，随时检查设计程序，可以避免创意概念偏离设计路线，从而取得更好的项目成果。同时，遵循必要的设计程序，能够帮助设计人员更好地挖掘有价值的设计概念、把握自身的项目进展、把控项目方向和规避某些潜在风险。

  合理有效的设计程序，有助于设计人员全面开展产品的外观设计或产品功能设计的工作。只有在掌握了设计程序之后，设计人员才能找到真正解决问题的思路和方法。

  设计程序是产品设计团队在设计过程中，从开始到结束需要明确遵循的一整套步骤。此时，拥有一个结构合理的流程就显得非常重要，因为它可以帮助设计人员保持专注力，并在最大程度上保证按时完成项目。虽然到目前为止，并没有一个能够满足所有项目的通用性设计程序，但一项产品的设计程序通常分为以下五个阶段（图 1-3、图 1-4）：

  （1）建立同理心 了解设计所服务的用户，进行定量分析和定性研究，以求更深入地了解用户的心理动态及日常行为习惯。

  （2）定义问题，发现设计机遇 总结用户的需求和想法，探索潜在的设计机遇。

图 1-3

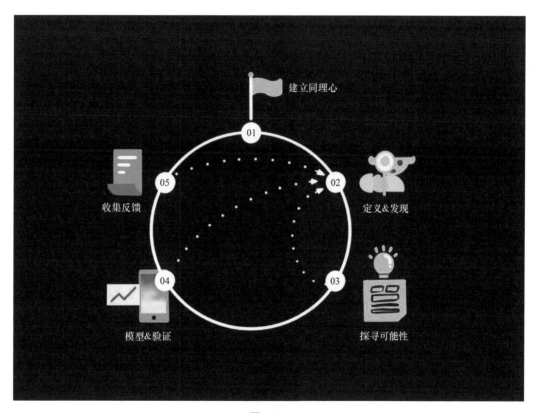

图 1-4

（3）创意发散，探寻可能性程 通过头脑风暴来发散思维，并尽可能多地提出创意解决方案。给自己和团队足够的想象空间，生成一系列解决思路并进行分析、取舍。

（4）构建模型，验证假设 创立设计模型并验证前期假设。创建模型的意义在于，可以让设计人员直观了解到他们思考的方向是否正确，并有可能激发出意想不到的创意灵感。

（5）收集真实用户的反馈 将设计方案呈现在真实用户面前，从而获得真实的用户反馈意见，这种做法有助于后期产品优化以及迭代升级。

1.2 产品设计中的常用设计程序

1.2.1 时间规划

在当今新技术层出不穷、不断革新的背景下，新产品的快速上市是商家在市场竞争中取得成功或占据主动性的关键因素。这也就要求产品设计人员必须善于管理项目的时间进展，否则将很容易被各种问题困扰，无法把控项目每个阶段的节点和整体的进展。

有效的时间规划是对项目所需时间的预估和对项目进度的管理。通常情况下，团队管理者或客户会给项目预先规定一个结束时间。为了在规定时间内完成项目，就要在开展项目设计之前，通过合理安排自己的时间和团队的时间，确保各项任务的进度。

缺少项目时间管理，后果会多么可怕？举例而言，某设计人员决定设计一款灯具，希望通过业余时间来完成这项工作，所以并没有制订具体的项目结束时间和计划表。那么结果很可能是随着时间飞逝，这个项目陷入停滞不前的状态，日复一日、不断拖延。这就是前期时间规划管理的重要性。缺少时间管控的项目将可能无法按时完成和交付。

在开展项目前，团队成员应当一起针对时间管理进行讨论，以便规划和安排项目进度。需要讨论的问题主要有以下几个：

1）涉及的调研活动有哪些？

2）项目中需要运用的软件及工具有哪些？

3）各个项目活动由谁来负责？

4）项目的评估需要在什么时候开始？

5）采取哪些措施来保证每个人的进度按规划进行？

规划项目时间需要分以下几个步骤进行。

1. 明确具体任务

在项目开始前，设计团队就需要预估和罗列出所有后续必须完成的任务和具体环节，通常可以通过工作分解结构图（Work Breakdown Structure，WBS）的方式，去规划项目中的活动和任务，确定重要的核心任务节点。工作分解结构图能够为后续项目的管理提供必要的任务框架，这对于项目的实现至关重要。简而言之，就是将项目需要交付的成果进行细分，创建任务列表并以图形的方式呈现，由项目团队成员分工执行以完成项目目标。图 1-5 所示为飞机系统设计的 WBS 示例。

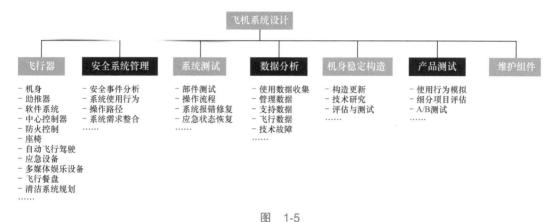

图 1-5

如图 1-5 所示，WBS 将所有复杂的任务分解为若干小活动进行管理。因此，团队中可能有一个组负责飞机建造，但在这个组当中，会有人专注于建造机身，有人专注于推进系统等。在 WBS 中经常会看到三个层级的分解，如果项目本身非常复杂，那可能就需要第四层级或第五层级的分解，来满足完整的任务分解要求。

2．按优先级顺序进行活动

在明确了具体的任务后，便可以按照优先级顺序，在 WBS 中确定各项子任务的具体完成时间。

3．资源预估

在时间计划管理当中，需要评估完成每项任务所要消耗的资源，例如具体实施者所需的工作量、所需的工具、材料、价格预算和其他资源。通过对现有资源进行评估，才能保证时间计划的合理性。

4．制订项目进度表

可以将具体的任务、持续时间、开始和结束日期、优先顺序等内容输入到计划软件中来生成项目进度表，也可以通过在日历或提醒事项中标记，来制订项目进度的时间规划（图 1-6）。

5．更新项目时间表

创建时间计划后，还需要对其进行合理的动态监督和控制，以确保项目顺利进行。设计人员需要定期审查和更新进度，以便将已完成的实际工作效果和工作计划进行比较，检查是否有项目进展落后的情况出现。这样做的目的一方面是检查团队成员的工作状态，另一方面是保证团队按照时间节点完成项目。

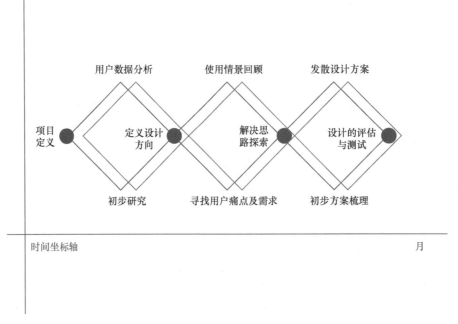

用户数据分析　　　　使用情景回顾　　　　发散设计方案

项目
定义　　　　定义设计
　　　　　　方向　　　　　　解决思
　　　　　　　　　　　　　路探索　　　　　设计的评估
　　　　　　　　　　　　　　　　　　　　与测试

初步研究　　　寻找用户痛点及需求　　　初步方案梳理

时间坐标轴　　　　　　　　　　　　　　　　　　　月

图　1-6

1.2.2　如何发现问题

在项目开始之初，能否找到项目需要解决的主要问题，在很大程度上决定了后期解决方案是否合理、有效。为了能够更好地设计出用户所需要的产品，应该先判断出他们的痛点是什么，也就是我们所说的发现问题。因此，要设计制造一个有用的产品，了解产品潜在的用户，发现问题是必经之路。选择一部分有代表性的人群作为目标用户，并通过一定量的调研来了解他们，例如访谈、在线问卷、用户历程图研究或实地考察等。这些调研工作虽然会花费较多的时间，但能够实实在在地帮助设计人员更好地了解用户、发现问题，从而找到设计要点，还能够验证项目开始时的一些设想。

用户访谈是设计活动中最常采用的发现问题的方法之一。通过与产品的目标用户群体交谈，可以收集大量有用的信息。可以询问一些开放性问题。

1）找出用户特征。他们通常的行为是什么？他们当前的应对方式是什么？

2）优先考虑用户的痛点。在这个过程当中他们遇到的最大麻烦是什么？他们最需要的是什么？

3）找到现有的解决方案。详细思考当问题出现时，现有的解决方案效果究竟如何。值得注意的是，设计人员不要在询问过程中，问用户一些对于解决方案的设想。如果你已经有了解决方案，也不要询问"你会用它吗？""你喜欢它吗？""你愿意为这个解决方案付费吗？"，因为这种方式的询问实际效用并不高，人们并不会有意识地和认真地去思考这些问题的答案。

对用户的调研通常是循环发生的。第一轮调研立足于了解问题产生的原因，后续进行的调研目的在于深入挖掘具体的问题和问题发生的情境。

发现问题可以采用四边形发现问题模型，如图1-7所示。发现问题的过程往往是循序渐进的，在找到问题大方向后，确定最大的四边形，在其中找到发散的小问题，也就是图1-7中的九宫格。每一类小问题当中还可能有很多条问题路径，这就是四边形发现问题法则的思考规律，也是在项目开始时可以反复使用的分析方法。

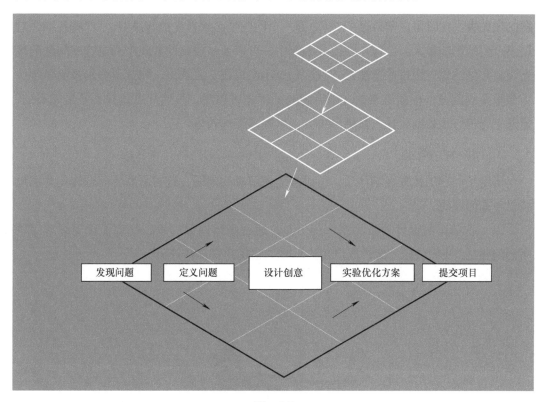

图   1-7

1.2.3 提出假设

在开始一个项目或者重新设计一个产品时，会提出该项目的理想目标。此时，设计人员会有很多想法和问题，同时又不清楚从哪里开始入手。提出假设，可以帮助设计人员在未知空间中前行。

1. 从问题和假设开始

在项目初期，设计人员会对产品的各个方面提出各种质疑，例如"我们怎样才能让这个产品更好用？""哪些功能对我们的用户而言相当重要？"等。

在确定设计方案前，思考当下的问题和提出假设是非常重要的工作。提出设计的思路很容易，但困难的是如何正确地解决问题。如果盲目设计出大量无法解决实质问题的产品，只会增加日后需要面对的市场风险。为了降低这些风险，可以罗列出当下的所有问题和假设，并将其记录下来。

2．重组问题和假设

在完成对所有问题和假设的记录之后，可以将它们分类重组，以便于查看和管理。如果能与团队成员一起开展活动，将会获得更多有价值的意见。

值得注意的是，在重组问题时不仅仅是分组归类那么简单，还需要确定需要解决问题的优先级。此时可以问自己："到底哪一个问题是必须首先被解决的？""哪些问题对用户产生的影响最大？"等。在设计小组中，可以通过投票的方式来确定这些问题的优先级。常见的优先级排序方法是：发给每个小组成员 3 张选票，将选票分别投给各自认为最重要的问题，根据得票数量确定问题的优先级顺序。虽然此方式并不是最完美的，但是它能较好地帮助设计人员做出决策，以提高工作效率。

3．问题转化假设

确定了问题的优先级顺序后，得出最应该解决的问题，这时需要将问题转化为假设并思考如何解决。

以一款单车的设计项目为例（图 1-8），通过小组内部讨论，确定了优先级顺序较高的问题是"我们怎样才能让用户在骑车时，感受到安全和舒适"。

图 1-8

基于这个问题，解决思路有以下几种：

1）调整自行车坐垫的柔软程度。

2）优化自行车车身所使用的材料。

3）遇到障碍时有更灵活的预警措施。

设计人员可以将以上解决方案和问题联系起来，并将其转化为假设。假设可以是一个解决问题的思路框架，帮助设计人员更好定义问题和解决问题，并消除假设。

1.2.4 验证假设

验证所提出的假设是必不可少的环节。设计人员可以设计一个实验，并收集必要材料和可测算的数据，以取得实验结果。换句话说，对假设进行验证的过程是至关重要的，它能够帮助我们判断这个假设是否成立。

用于验证假设的实验有很多种形式，例如访谈、调查问卷、观察记录等。设计人员可以撰写计划，其中包括通过实验希望收集的数据，以及判断假设是否是有效的衡量基准。

在自行车的设计案例中，我们可以将实验定义为"骑行当中用户的安全感与车身所使用的材料有关"，这时可以招募一些目标用户，通过仔细询问的方式，来判断骑行者骑车时的情绪、材料柔软程度和安全感之间的关系。最后结果显示，超过 60% 的人认为，车身材料的舒适性影响自身的安全感，此时方能判断出这个假设是成立的。当然，如果得到的结果与预期不符也不用担心，我们依然可以从这个实验当中获取一些用户的意见和建议，以此推出新的假设并用于下一个实验。

简单来说，设计人员如果希望了解用户的需求，通过提出假设并耐心地去验证这些假设是至关重要的，这能够帮助设计人员更好地建立相关用户的观察数据库。如果不这样做，这些假设只会不断堆积，最终结果可能是耗费了过多的时间成本和人力成本，构建了一个用户并不需要或体验不佳的产品和功能。验证假设不仅对整个设计流程有帮助，使其具有更高的可靠性，还使设计人员能够正确面对设计中的用户需求，使得每个参与者明确设计的缘由和目的。

在验证了每个假设之后，设计人员将能够获取较为清晰的解决问题的思路，明确对用户而言最重要的因素，以及需要深入挖掘的问题，继而清楚下一步该如何进行。

如图 1-9 所示，草图能够表达产品的重要概念，清晰而明确的草图，有助于各方明确责任以及下一步计划的顺利实施。初期的方案确定后，团队成员内部形成统一意见，原先各方的质疑和持有的不同观点将被逐一化解。这也更易于设计人员在进行后期的效果图表达和方案呈现时，拥有更高效的执行力，同时让产品开发人员明白方案落地的发展方向（图 1-10）。这将为整个团队下一步的工作实施定奠定良好的基础。

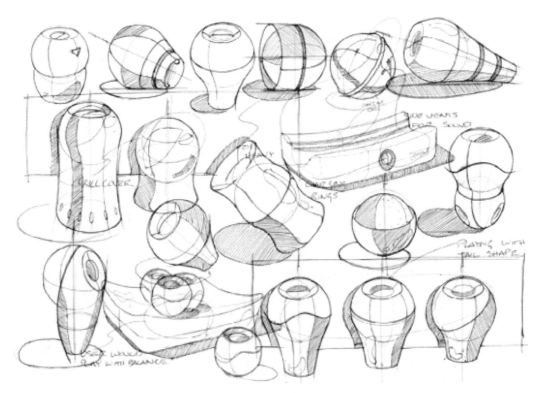

图　1-9

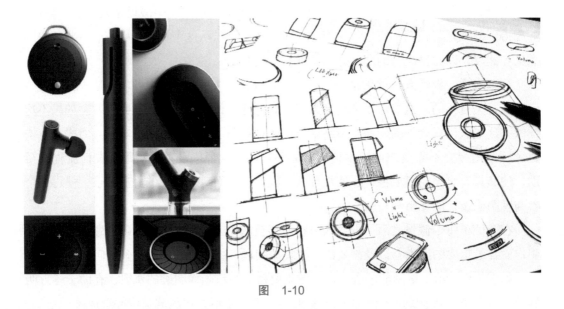

图　1-10

1.2.5　微调与实施

在资源紧张和资金有限的条件下，如果没有足够的把握让项目取得成功，会让产品开发团队或公司承担有风险性的大型项目的意愿降低。这时我们就需要在短时间内呈现产品的微小模型，这有助于设计人员对方案提供有价值的见解，或帮助设计人员对方案做出微调和修正。

　　创建模型作为设计流程的重要一环，是整个设计流程中最直观的一部分。这个环节中能用到的工具包括但不限于：

　　1）设计软件（图 1-11）。

　　2）3D 打印机（图 1-12）。

　　3）快速绘画打印笔（图 1-13）。

　　4）牛皮纸板（图 1-14）。

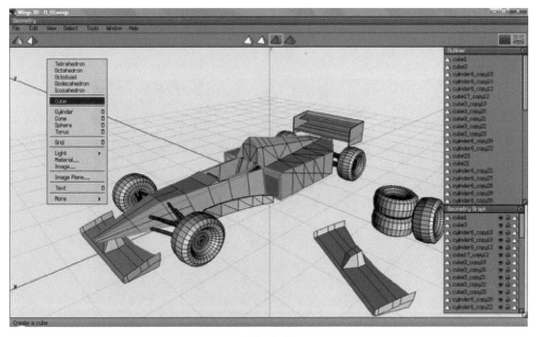

图　1-11

图　1-12

图　1-13

图　1-14

　　创建产品模型，目的是通过快速构建形态，在短时间内得到有关产品的重要反馈。
众所周知，要想了解用户体验就需要用户参与。在创建模型的阶段，也可以邀请用户一
同来测试产品模型，此时设计人员应该记录参与测试的用户反馈，了解他们对产品的困
惑之处。参与测试的用户可以帮助设计人员判断下一代产品该如何迭代，以及产品更新
和改进的方向。在测试完产品并修改好模型后，才能得到较为可行的产品方案，同时还
需要进一步完善设计。

　　许多人可能认为，设计人员的工作在模型创建完成后就结束了。但事实上，设计人
员还需要确保他们设计的产品能够被正确的生产和使用。因此，在设计的流程中还需要
进行的工作便是与工程师共同进行模型测试（图 1-15）。

图 1-15

值得注意的一点是，模型通常是在设计过程中不断地被修改完善的。详细的设计过程中，应该包含对所有关键信息的收集，例如某些技术问题或尚未解决的新问题。

在建立模型的过程中，经常会出现一些无法避免的细节问题，因此设计人员和工程师的共同努力，才是克服困难的关键。这样的合作将拉近设计与技术之间的差距，以便创造出更好的产品，因为工程师能够帮助设计人员调整产品结构缺陷、完善产品形态、提升产品使用质感等。失败是产品设计的重要组成元素，为了创造更好的产品，在测试时不完美、不和谐的情况也是经常发生的事情。因此，无须对失败感到惊讶，每一次失败都会让你离成功更近。

另一个常见的错误是，设计人员认为走完既定的设计流程中的每一步，此项目就算完成了。设计流程不应只是"线性"的，也并非按照顺序执行完所有步骤就算成功。项目中每个步骤不按顺序地循环往复进行，其实都属于合理现象。例如，在完成项目的模型制作后，发现模型中存在诸多用户无法掌握的新的使用方式，此时必须停止处理模型，重新返回到上一步，即草图方案的阶段，进行重新思考和设计。

模型测试并与用户交流分析产品，是衡量设计投入实际使用后成功与否的一种方式。虽然良好的设计规划可以帮助设计人员梳理出合理的设计思路，但没有设计是完美的，有时环境也会发生改变。因此，多方共同参与之下的模型测试的过程，有助于考察设计的方向是否正确。

1.2.6　后续行动与评估

模型的设计与制作是一个调整和开发的过程，也是不断进行迭代的过程，它会一直持续到项目成果准备制造和发布之前。对产品模型的评估是设计流程中的重要部分，它发生在整个设计流程中。如图 1-16 所示，由于设计概念普遍都存在潜在缺点，应该在模型设计制作完成后，着手后续评估工作。

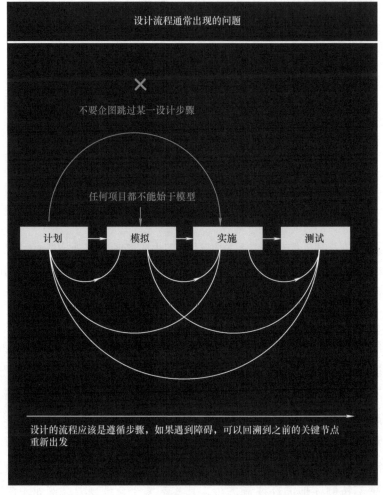

图　1-16

　　设计项目的最终目的决定了相应的评估方法与策略。图 1-17 所示为常用的评估方法，后续章节中也会详细展开说明。评估方法取决于设计的目标，这决定了应该评估哪些重要的设计思考维度。例如，为了识别用户的需求，设计人员可以决定选择访谈或检查列表进行评估；要了解用户的行为及行为背后的原因，可以使用任务分析法等。

　　用户的满意度已经成为所有产品和系统设计人员们追求的目标。设计人员如果将自己作为用户，可以算作是一种不恰当的行为，因为他们与用户并不能完全等同。然而，在许多设计领域，设计人员依然根据个人经验设计产品，这显然已经不能被市场所接受，因为设计人员的想法与用户对系统或产品的期望和理解程度并不是等同的。因此，在模型测试完成后，设计人员还需要考虑许多不同的因素，例如用户对产品的理解程度、使用的环境、行为模式、文化背景等。持续对不同的模型进行评估，重点考虑用户的需求，是在项目后续的行动环节里最为关键的一环。

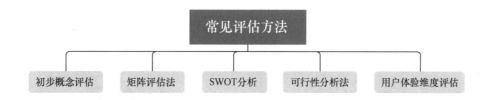

图　1-17

1.2.7　提交方案

无论是产品设计还是其他设计学科，任何项目的成功与否都取决于设计流程和实践中的经验积累。有时尽管项目成功了，并且产出了具有创造性的设计成果，但设计人员在表达方案时，也可能因为没有很好传达和阐释设计的创新点和优势、产品的功能和使用细节等环节，导致项目遇冷，没有被市场和用户所接受，并影响了最终的销售成绩。所以设计项目在提交时，方案的表达显得尤为重要，如图 1-18 所示。特别是在学校学习阶段，设计方案的陈述通常都是课程要求中很重要的一部分。有些同学对方案表达持有恐惧心理，不敢充分表述自己对于设计作品的想法，这一点是需要调整克服的。

以下是一些关于提交方案时的小技巧。

1. 了解谁是听众

设计人员在了解项目将呈现给哪些群体后，应尽量在项目的演示文稿内容制作过程中考虑听众的特征与需求。这样做的目的是让汇报内容更容易被听众理解。简单来说，就是用听众熟悉的语言，生动描述自己的项目内容。如果需要向非设计专业的听众进行汇报，在使用专业术语时，就要解释清楚每个专业名词的具体含义。如果一个项目的汇报时间是 20 分钟，那么需要掌握听众注意力最集中的前 5 分钟和最后 5 分钟的"黄金时间"，这是汇报项目的关键时间点。在开始项目内容汇报后，设计人员应尽可能地创造机会与听众进行一些简短的交谈，这样能够更及时地了解听众此刻的想法，并与他们产生共鸣，让方案汇报达到预期效果。

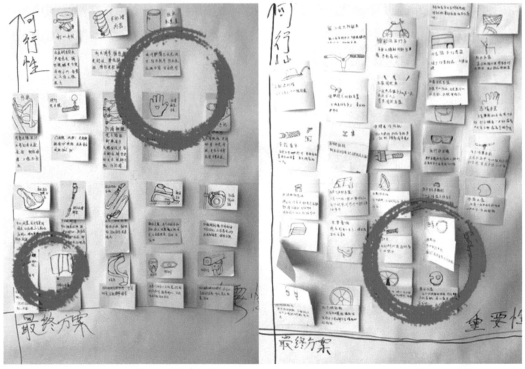

图　1-18

2．简要总结项目

首先思考一下为什么要完成这项工作。即使是非常资深的设计人员，也需要对项目所做的工作进行总结。总结的内容首先应包含经过调研所得出的观点、使用的设计方法、设计思路等，并在项目总结的开篇表达出来。这样做是为了让所有听众快速融入项目说明之中，尽快了解项目的背景和产品的设计意图，也利于在接下来的汇报中更好地对汇报内容进行思辨。

3．分享自己的新发现

在项目中经过深度调研得出的结论，需要提炼概括后才能准确表达出研究成果。有关设计研究的部分，或关于方案的灵感来源，需要很明确地指出，并且解释清楚这些调研内容和自己项目之间的联系，同时说明是通过何种方法得出的结论。事实上，听众大多对设计人员的思维过程较为感兴趣，或是希望了解这些设计人员的思维是以何种方式形成的。好的项目汇报，能够让听众在短时间内获取汇报人希望表达的核心观点。

4．展示设计

当我们向听众展示设计时，给人留下的第一印象十分重要，这是一次不可多得的机会。好的表达方式并不体现在汇报中某张出彩的效果图或某句有亮点的话语，而是要善于讲故事。在展示设计时，创造一种情感诉求并描述事实，同时还需要阐述项目的愿景。在演讲中营造悬念也十分重要，需要设定对未来的预期。所讲的故事以及相关的视觉效果，应该是从模糊到逐步清晰的。从草图到细节，关于设计的故事不必很长很详细，只需要表达出项目设计中的重要想法即可。

5. 陈述设计意图

事实上，每个项目都遵循着一个目标。在市场背景下的产品设计，可能是提高某个功能的利用率，目的在于影响销量；在改进界面的设计项目中，可能是为了增加用户参与度，提高用户黏性。在项目汇报的最后，需要陈述出设计意图，说明自己的工作是如何达到预定目标的。如果目标并没有一个量化的标准，可以列出设计人员在工作过程中的出彩之处，帮助听众更客观地衡量这个设计的真实水准与价值。

6. 倾听、学习与收集反馈

在汇报结束后，给听众足够的时间进行思考。通过他们的反馈，能够更客观地判断项目设计的成功与否。学会引导与听众的谈话，思考项目下一步的改进方向，可以给予听众一些判断的维度和选项并收集反馈，例如：

1）是否维持当前设计（意味着设计目标有达成的可能性）。

2）是否有需要改善之处（目前并未完成设计目标）。

3）是否应该及时暂停（未能解决问题或需要重新思考）。

认真总结反馈，在汇报完成后开始下一步工作。

1.3　总结

设计程序有着诸多可塑性，很多设计人员会提到的类似的步骤，如图 1-19 所示，每个设计人员都应该善于在设计程序中修改和调整他们自己的项目方向和目的。

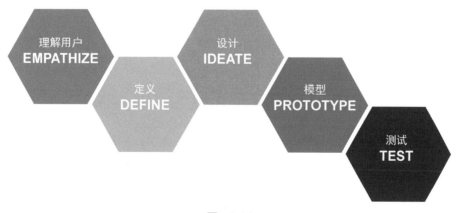

图　1-19

设计程序并不是通用和一成不变的，每个步骤和阶段都可以有所不同，随时增加某一个步骤，或者删减某一个步骤，以此来适应项目本身不同的发展情况才是最为恰当的做法。

设计程序听起来似乎有一定的限制性，但从长远来看，其根本目的是帮助设计人员更具创造力。许多设计人员为了节省时间经常跳过设计前期的规划步骤，这样做会在后续设计过程中，产生许多不必要的麻烦，也很可能让设计无法达到要求。

因此，通过遵循设计程序，可以帮助我们在后续设计活动中避免很多挫折。即使有时候项目初期遇到困难，但如果按照程序进行操作，对于设计人员而言，不仅能解决困难，还有机会发现一些意想不到的好点子，并且淘汰掉一些不理想的概念。同时，也可以让团队成员的想法更加一致，有利于估算出项目所需的总体时间。

虽然常用的产品设计程序有诸多优势，但如果它不适合某个项目，设计人员完全可以根据实际情况进行调整。设计流程并没有固定的正确或错误标准，让设计流程帮助设计人员及其团队，构建出更理想的设计作品，才是最核心的原则。

第二章

设计中的主要调研方法

2.1 初期调研

产品有着独特的存在环境,它作为人们日常生活中不可缺少的部分,成为了不同时代的见证。市场调研在工业设计中占有重要地位,如图 2-1 所示。

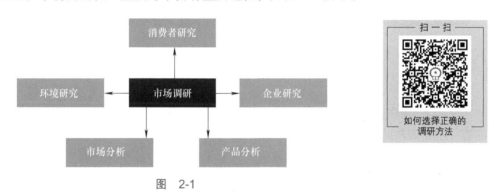

图 2-1

在市场经济条件下,市场的销售状况大多取决于广大消费者的实际需求,只有不断了解市场的供销信息,了解广大消费者的需求信息,然后依靠这些信息的反馈,即对这些从调查中得来的信息进行分析和研究,从中得出较为客观、科学的数据,再着手制订新的生产计划,进行新的产品开发,综合考虑生产和供销环节的各种因素,才能形成和谐有序的市场环境。

产品设计中的市场调研,也是源于市场经济的竞争需要。在自由的市场经济中,消费者对产品有自主选择的权力。在买方市场的状态下,如何让产品在市场中对消费者具有足够吸引力,就成为一个重要的课题。对于市场的调研,是确定设计课题后的首要工作。

2.1.1 桌面性研究

随着科学技术的进步,我们早已进入了信息时代,对产品的要求除了安全性、可靠性、经济性、便捷性、舒适性和协调性等特点外,还需要具有一定的智能化。

在设计研究的过程中，需要大量的数据作为支撑。通过杂志、书籍、文档和互联网等途径查询资料，如各类搜索引擎（图 2-2），其中获取的多数内容都可以进行桌面性研究分析。

图 2-2

2.1.2 问卷调查

如图 2-3 所示，问卷调查是指通过制订详细、周密的问卷，要求被调查者据此进行回答并收集资料的方法。所谓问卷，是一组与研究目标有关的问题，或者说是一份为进行调查而编制的问题表格，又称调查表。它是人们在社会调查研究中，用来收集资料的一种常用工具。调研人员借助这一工具，对社会活动过程进行准确、具体的测定，并应用社会学统计方法，进行定量的描述和分析，获取所需要的调查资料。

问卷调查根据载体的不同，可分为纸质问卷调查和网络问卷调查。纸质问卷调查，即传统的问卷调查，调查公司通过雇用工作人员来分发纸质问卷并回收。这种形式的问卷存在一些缺点，如分析与统计结果相对复杂，成本也相对较高。另一种是网络问卷调查，指用户依靠一些在线调查问卷的网站和手机软件，来设计问卷、发放问卷并分析结果。这种方式的优点是无地域限制，成本相对低廉，缺点是答卷质量无法保证。目前国外的调查网站 Survey monkey 提供了这种方式，而国内则有问卷网、问卷星、调查派等软件提供了这种服务。

按照问卷填写者的不同，问卷调查可分为自填式问卷调查和代填式问卷调查。其中，自填式问卷调查按照问卷传递方式的不同，可分为报刊问卷调查、邮政问卷调查和送发问卷调查；代填式问卷调查按照与被调查者交谈方式的不同，可分为访问问卷调查和电话问卷调查。这几种问卷调查方法的利弊见表 2-1。

扫一扫

编制一份完美的调查问卷

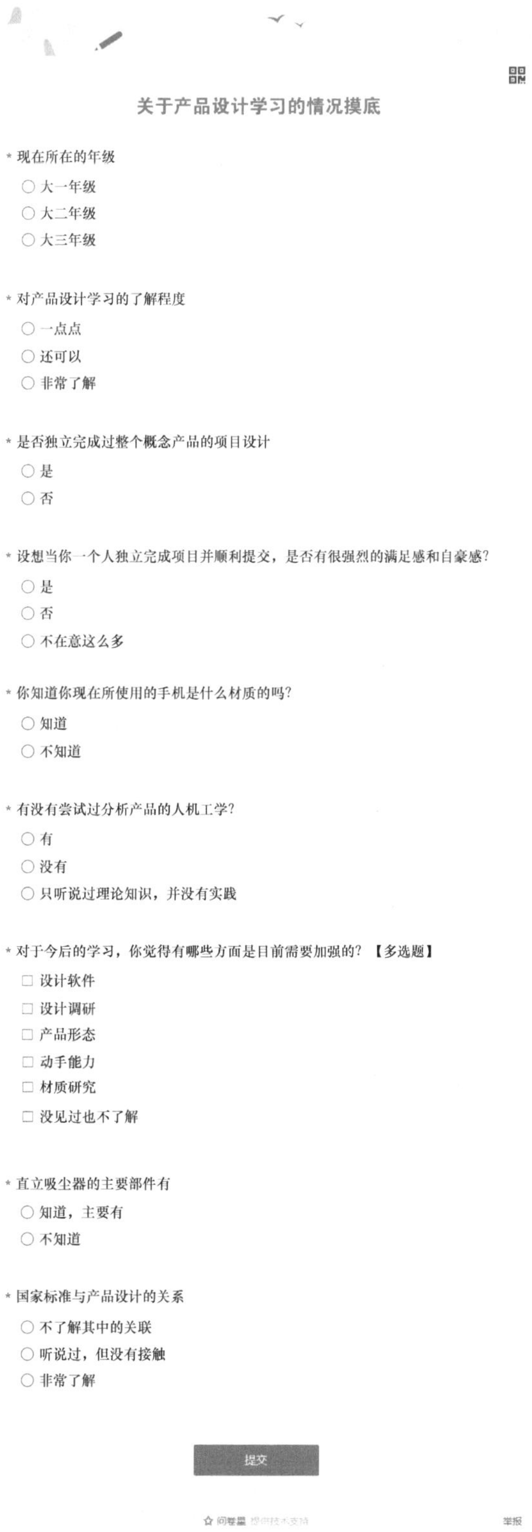

关于产品设计学习的情况摸底

* 现在所在的年级

○ 大一年级
○ 大二年级
○ 大三年级

* 对产品设计学习的了解程度

○ 一点点
○ 还可以
○ 非常了解

* 是否独立完成过整个概念产品的项目设计

○ 是
○ 否

* 设想当你一个人独立完成项目并顺利提交，是否有很强烈的满足感和自豪感?

○ 是
○ 否
○ 不在意这么多

* 你知道你现在所使用的手机是什么材质的吗?

○ 知道
○ 不知道

* 有没有尝试过分析产品的人机工学?

○ 有
○ 没有
○ 只听说过理论知识，并没有实践

* 对于今后的学习，你觉得有哪些方面是目前需要加强的? 【多选题】

☐ 设计软件
☐ 设计调研
☐ 产品形态
☐ 动手能力
☐ 材质研究
☐ 没见过也不了解

* 直立吸尘器的主要部件有

○ 知道，主要有
○ 不知道

* 国家标准与产品设计的关系

○ 不了解其中的关联
○ 听说过，但没有接触
○ 非常了解

提交

☆ 问卷星 提供技术支持　　举报

图　2-3

表 2-1

问卷种类	报刊问卷	邮政问卷	送发问卷	访问问卷	电话问卷
调查范围	很广	较广	窄	较窄	可广可窄
调查对象	难控制和选择，代表性差	有一定控制和选择，但回复问卷的代表性难以估计	可控制和选择，但过于集中	可控制和选择，代表性较强	可控制和选择，代表性较强
影响回答的因素	无法了解、控制和判断	难以了解、控制和判断	有一定了解、控制和判断	便于了解、控制和判断	不太好了解、控制和判断
回复率	很低	较低	高	高	较高
回答质量	较高	较高	较低	不稳定	很不稳定
投入人力	较少	较少	较少	多	较多
调查费用	较低	较高	较低	高	较高
调查时间	较长	较长	短	较短	较短

二维码调查法是问卷调查的一种，它改变了传统的面对面调查、电话调查、邮寄调查、电子邮件调查等方式，打破了传统被动式调查方法在设备、时间和环境上的限制。受访者可以随时随地使用自己携带的移动终端设备，扫码参与调查，大大减少了调查对象参与调查的阻力与成本；通过断点续答功能（回答部分内容退出后，下次登录可继续回答），还能有效地利用好调查对象的碎片化时间。

2.1.3 情景调查法

"情景"一词是对事物未来发展态势的描述，既包括对各种态势的基本特征的定性和定量描述，又包括对各种态势发生可能性的描述。情景分析法是由荷兰皇家壳牌集团于 20 世纪 60 年代末首先运用于战略规划中并获得成功的。该公司的沃克（Pierre Wack）于 1971 年正式提出这种方法，根据发展趋势的多样性，通过对系统内外相关问题的综合分析，设计出多种可能的未来前景，然后用类似撰写电影剧本的手法，对系统发展态势做出一系列的情景与画面的描述。

情景分析法又称脚本法或前景描述法，通常是在假定某种现象或某种趋势将持续发展的前提下，对预测对象可能出现的情况或引起的后果做出预测，是一种直观的定性预测方法。在设计调研过程中，可以用情景分析法来更准确地了解客户的真实感受。

2.1.4 用户行为地图

用户行为地图是通过故事化＋图形化的方式，直观地展示用户在产品使用过程中的情绪曲线，帮助设计人员从全局角度来审视产品（图 2-4）。

用户行为地图作为产品优化的重要工具，它的作用在于从用户视角了解产品的使用流程，帮助设计人员找到用户的痛点，发现产品存在问题的部分，从而有的放矢地进行优化。在日常工作中，用户行为地图通常是由产品或用户研究团队负责，但是因为很多公司团队人员数量有限，同时随着全链路设计人员、产品设计人员等职位的出现，UI/UE 设计人员也需要拓展自己的能力边界，参与到用户行为地图的制作中。

图　2-4

如图 2-5 所示，一个标准的用户行为地图一般包含以下三大组成部分。

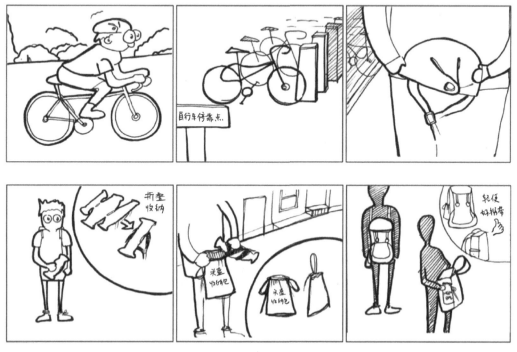

a)

图　2-5

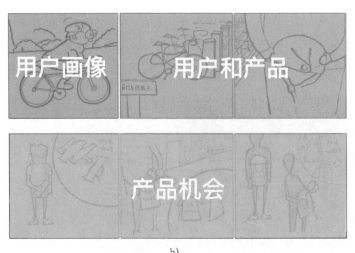

b)

图 2-5（续）

（1）用户画像　形象（persona）、用户目标（user goals/needs）。

（2）用户和产品　用户行为（doing）、触点（touch point）、想法（thinking）、情绪曲线（feeling/experience）。

（3）产品机会　痛点（pain point）、机会点（opportunities）。

2.1.5　焦点小组

焦点小组，即焦点座谈（Focus Group），如图 2-6 所示，是由一个经过训练的主持人与一个小组的被调查者进行交谈，主持人负责组织讨论。焦点座谈的主要目的，是通过与目标市场中筛选出的一组被调查者进行座谈，从而对与设计有关的问题进行深入了解和探究。这种方法往往可以让人从自由进行的小组讨论中获取一些意想不到的发现。

图 2-6

2.1.6　市场分析

同类产品调查包括市场现有的与设计对象属于同一种类的产品调查，以及与所设计的对象相关的产品调查（图 2-7）。

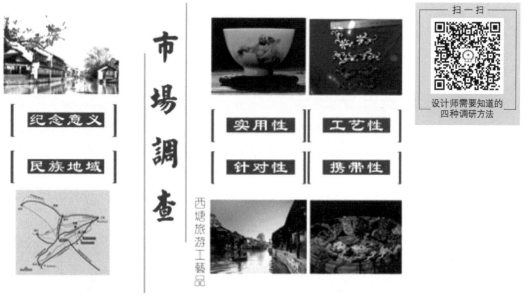

图　2-7

对设计人员而言，设计产品之前对于市场上同一类型产品的了解是必不可少的。同类产品，是指设计人员所要设计的产品的竞争对手。了解主要同类产品在市场上的核心卖点、明显缺点等，有助于设计人员对自己设计的产品产生准确的定位和认识。同时，对同类产品的了解和认识，也是改良设计的前提。调查与设计对象相关联的商品，可以从了解相关产业链中的产品入手，例如针对体育器材进行设计时，设计人员可以对体育用品做一个全方位的梳理，拓宽调查的辐射面，从而使自己所设计的产品定位更加精准。

在调查过程中，可以先把同类产品进行分类，例如分为著名品牌和普通品牌，关联的产品中分为密切相关产品和一般相关产品。设计人员要根据自己的实际需求，分析重点调查对象各方面因素，还可以由此绘制产品形象分析图。这种方法有多种名称，如商品属性分析、形象分析图、商品市场分析图等。如何用自己的设计感觉去分析作为课题的商品，根据商品所具有的性格特征在图表上标示出其位置？方法如下：

1）通过网络搜集样本资料，剪切或打印样本上的图片。

2）如图 2-8 所示，在大纸上根据以上要求制作一个分析表。分析轴一般为两轴，两轴以上一般很少用。

3）按照自己考虑的关键词，在轴上标示出来。

4）确定强弱，画上箭头。

5）在分析表上将图片放好，调整好具体位置后正式粘贴。

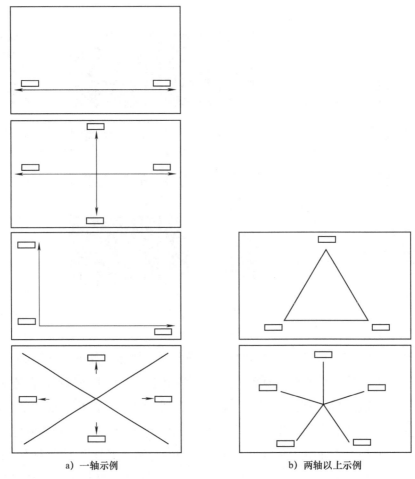

a）一轴示例   b）两轴以上示例

图 2-8

2.1.7 洞察力卡片

在调查过程中，调研者还可以运用洞察力卡片，拓展思维，力图提出与思考更多问题。

2.2 深入与挖掘

2.2.1 小组座谈

在实施小组座谈（图2-9）过程中，首先应当注意人选问题，尽可能寻找不同类型的消费者。如果消费者类型重叠，意味着大家所说的观点类似，那么得到的答案类型就很有限。所以邀请用户做小组座谈之前，应当事先沟通了解清楚他们的消费习惯和消费态度等问题。

图 2-9

小组座谈的问题一般都是结构化的，也就是说所问的问题、问题的顺序都是基本确定的。主持人的任务是尽量让每个人针对确定的问题发表观点，并且让气氛活跃起来，让参与者积极踊跃地发言。但是需要注意的是，主持人自己不能参与讨论，不能发表观点，也不能说出诱导性的话语，否则会令结果不够真实和准确。

小组座谈并非海阔天空的聊天交流，主要的目的是尽可能多地收集设计人员需要的信息。一旦谈话变得随心所欲，将不利于主持人控制现场局面，引起跑题和资源的浪费。一旦发现主题偏离，主持人应该及时把话题引回正轨。

在询问消费者的时候，主持人的技巧显得尤其重要。问题的顺序应该是先易后难的，并且应该先问消费者的行为，后问其态度。当遇到有些消费者不太愿意说的话题时，可以使用投射的方法。例如，有些消费者不买某些东西是因为嫌贵，但是在旁人面前他们可能羞于承认，就会说觉得东西是因为用不上而放弃购买。这时就可以用投射的方式来提问，如"你的朋友会买吗？如果不会，你觉得原因是什么？"这时消费者的心理防线就减弱了，也更愿意说出真实原因。

2.2.2 访谈

1. 访谈的概念

访谈是指通过与研究对象的交谈，收集所需资料的调查方法，又称为谈话法或访问法，如图 2-10 所示。

扫一扫

同理心修炼
四步法

图 2-10

如图 2-11 所示，研究性访谈与一般的谈话最本质的区别在于：研究性访谈是一种有目的、有计划、有准备的谈话，它的针对性很强，谈话的过程紧紧围绕研究主题来展开；而一般情况下的谈话则是一种非正式的谈话，它没有明确的目的，随意性很强。

图 2-11

2. 访谈调查法的优点

（1）灵活

① 方式灵活。访谈调查是访谈员根据调查的需要，以口头形式向被访者提出问题，

通过被访者的答复来收集客观事实材料。这种调查方式灵活多样，方便易行，可以按照研究的需要，向不同类型的用户了解不同类型的问题。

② 弹性大。访谈调查是访谈员与被访者交流、沟通的过程。这种方式具有较大的弹性，访谈员在事先设计问题时，是根据一般情况和主观想法来制订，有些情况并不一定考虑得十分周全，访谈中可以根据被访者的反应，对问题进行调整或展开。如果被访者不理解问题，可以向访谈员详细询问和要求解释该问题，如果访谈员发现被访者误解问题，也可以适时做出解释或引导。

（2）准确

① 消除顾虑。访谈调查是访谈员与被访者直接进行交流，通过访谈员的努力，可以使被访者消除顾虑、放松心情，能够做出快速精准的判断以应对访谈问题，这样就提高了调查材料的真实性和可靠性。

② 控制现场与节奏。访谈调查事先要确定访谈现场，访谈员可以适当地调整访谈环境，避免其他因素的干扰，灵活安排访谈时间和内容，控制提问的顺序和谈话节奏，把握访谈过程的主动权，这样有利于被访者更客观地回答问题。

③ 被访者的反应是自发的。由于访谈流程速度较快，被访者在回答问题时，常常无法进行长时间思考，因此做出的回答往往是被访者自发性的反应，这种回答较为真实、可靠。

④ 拒答率低。由于访谈常常是面对面的交谈，因此拒绝回答者较少，回答率较高。即使被访者拒绝回答某些问题，也可大致清楚他对这个问题的态度。

（3）深入

① 获得更多追问的机会。访谈员与被访者直接交流或通过电话、上网间接交流，这样便拥有了解释、引导和追问的机会，因此可以探讨更为复杂的问题，获取更深层次的信息。

② 获得除回答以外更丰富的信息。在面对面的谈话过程中，访谈员不但要收集被访者的答案，还可以观察被访者的动作、表情等非言语行为，以此判断回答内容的可信度和被访者的心理状态。

3．访谈调查法的局限

1）成本较高。访谈调查费用大、耗时多，难以大规模进行，访谈调查样本一般较小。

2）缺乏隐秘性。当面作答缺乏隐秘性，对于一些敏感问题，被访者可能会回避或不做真实回答。

3）受访谈员影响较大。不同访谈员的个人特征，可能引起被访者的不同心理反应，从而影响回答内容。访谈员的价值观、态度、谈话的水平等都会影响被访者，造成访谈结果的差异。

4）记录困难。如果被访者不同意用现场录音，便会对访谈员的笔录速度提出很高要求。没有接受过专门速记训练的访谈员，往往无法完整地将谈话内容记录下来，追记和补记往往会遗漏很多信息。

5）处理结果难。访谈调查有灵活的一面，但同时也增加了这种调查过程中的随意性。不同被访者的回答是多样化的，没有统一答案。这样会给访谈结果的处理和分析带来困难，由于标准化程度低，难以做定量分析。

2.2.3 同理心的体验

同理心是 EQ 理论的专有名词，指能把自己放在对方的位置上，设身处地地体验、理解他人的内心世界，形成彼此之间的共同感受（图 2-12）。

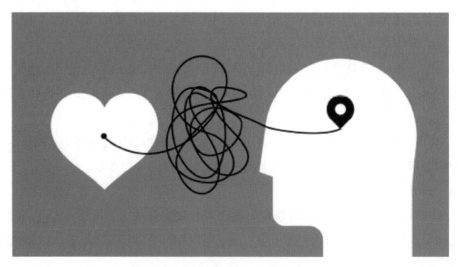

图　2-12

同理心一词由美国心理学家铁钦纳首度使用，意为感同身受。在产品设计过程中，我们会模拟或制作样机让消费者进行体验，以达到真实的使用效果和使用感觉。

同理心图是一种协作可视化，用于阐明我们对特定类型用户的了解。它将有关用户的知识外部化，以便建立对用户需求的共识和辅助决策。传统的同理心图分为四个象限（说、思考、操作和感觉），用户或角色位于中间，如图 2-13 所示，同理心图能使设计人员大致了解谁是目标用户。

"说"象限，包含用户在采访或其他可用性研究中表达出的内容，它应包含研究的详细记录和话语的直接引用。

例如："我想要可靠的东西。""我不知道该怎么办。"

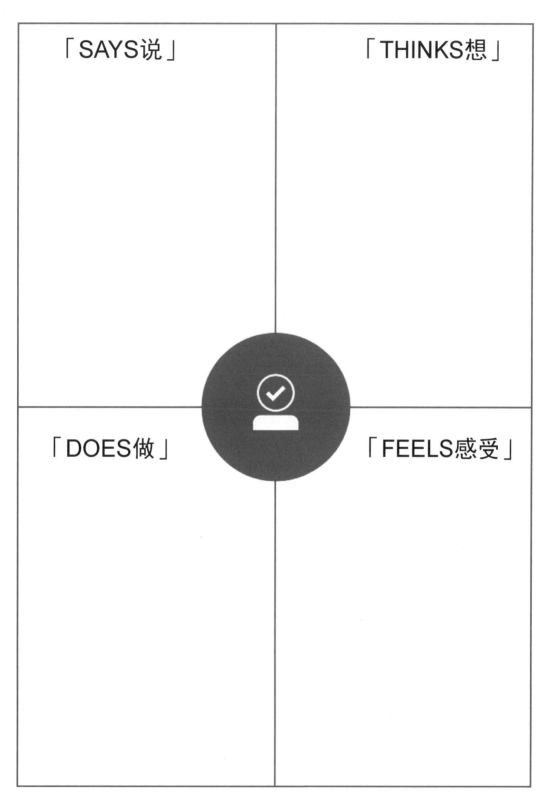

图 2-13

"思考"象限，捕获用户在整个体验中的想法。问自己（从收集的定性研究中）：用户的想法是什么？对用户来说重要的是什么？"说"象限与"思考"象限可能有相同的内容，但请特别注意用户的某些想法，他可能不愿发声。这时需要尝试去了解为什么用户不愿意分享，是他们不确定还是不敢告知某些原因？

例如："这真令人讨厌。""这太难了，我无法理解。"

"操作"象限，包含用户执行的操作。例如，根据研究，用户的身体状况如何？用户如何去做呢？

例如：刷新页面了几次；货比三家，比较价格。

"感觉"象限，是用户的情绪状态，通常表示为形容词以及与课题相关的简短句子。问问自己：用户担心什么？用户对什么感到兴奋？用户对体验的感觉如何？

例如：不耐烦（页面加载太慢、困惑）；价格（令人感到矛盾）；担心（他们做错了什么）。

我们的用户是复杂的人，在研究的过程中，还可能遇到某些不一致的情况，例如看似积极的行为，但用户却持否定的态度。当同理心图成为研究用户的工具时，可以帮助我们加深对用户的理解。作为设计领域的专业人士，我们的工作就是调查问题的原因并解决问题。

在同理心图的这些象限中，会存在某些可能看起来模棱两可或有重叠的部分。例如，有时候很难区分"思想"和"感觉"。设计人员无需过分关注于精确度，如果一个条目可能适合多个象限，则只需选择其中一个即可。这四个象限的存在，只是为了帮助设计人员了解用户，并确保不遗漏任何重要信息。如果没有任何内容要放入某个象限，此时强烈建议你增加更多的用户研究，然后再进行设计流程。

同理心图可以通过任何定性研究方法来驱动（即使缺乏研究，也可以勾画出草图）。它可以帮助设计人员掌握他们想要了解的用户信息，同时认清哪些地方需要收集更多用户数据。

同理心图既可以捕获一个特定用户，也可以是反映多个用户的集合，如图 2-14 所示。

单用户（个人）同理心图（图 2-15），通常基于用户访谈或用户日志的研究。

聚合的同理心图，表示一个"用户群组"而不是一个特定的用户。通常情况下是通过组合形式创建的，由多个拥有类似行为的用户同理心图构成。聚合的同理心图会合成在整个用户组中，并且成为创建角色的第一步。

聚合的同理心图，也可以成为总结其他定性数据（例如调查和实地研究）的方法。例如，可以使用同理心图传达角色，而不是使用传统的角色"名片"。随着与该角色相关的更多信息被设计人员发掘，设计人员可以回到同理心图中，添加新的见解或删除已变更或已无效的见解。

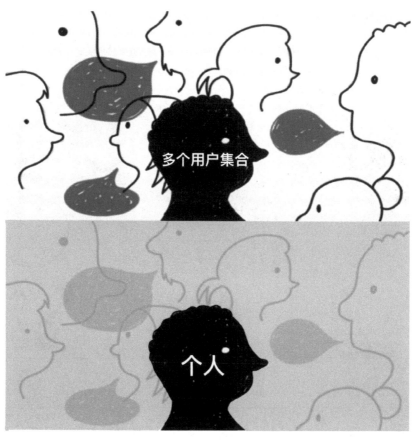

图　2-14

图　2-15

2.2.4 故事板

故事板又称为故事脚本或故事画纲，是指产品创意完成阶段，借助美术手法对产品效果所做的创意表达，也是产品展示分镜脚本的视觉化产物（图 2-16、图 2-17）。

图　2-16

图　2-17

通常情况下，导演在拿到剧本后，会在正式开拍前安排专业人员，根据剧本中的场景和剧情，绘制出一幅幅单独的画面，用来表现实拍时所需的镜头数。产品展示拍摄时，导演会根据画面进行分段拍摄。

故事板的绘制，需要产品设计人员整理构思，在自己的概念能够得到初步落实后方能开始。通过绘制的画面并配以文字，设计人员想方设法将脑海中的场景表达出来，以便对产品创意进一步斟酌和完善。

产品创意必须取得客户的认可，但仅凭口头描述产品脚本的内容，其实并不容易被客户理解。此时，连环画式的画面效果加上文字说明，将有助于客户对创意情节的理解。可以说"故事板"是产品成型阶段，与客户沟通的最佳手段。同时，客户也可以根据故事板对产品所需的大致经费和预算有一个感性认识。产品展示故事板的主要内容有下列几个方面：

1）客户名称和产品名称。

2）企业宣传片的长度以及每个镜头的时间。

3）镜头画面及其文字说明。

4）镜头声音的文字描述。

5）镜头的拍摄方式与连接方式。

6）特殊要求及其他注意事项。

与场记板需要清楚记录场次等信息类似，故事板上也需标注镜头运用方式、时长、对白、所需的特效等，以便导演、摄影师、演员等在企业宣传片开拍前，对场景镜头有一个全面、细致的了解。故事板作为一种简单、直观的方式，能很好地诠释导演的意图。

从某种意义上说，故事板就是一个可视的剧本，而故事板绘制者也就是"平面的导演"。产品脚本一方面是创意概念的文字化，另一方面是创意概念的视觉化，将创意场景有声有色地描绘出来。故事板的绘制，要求每幅画面都要合乎创意的逻辑和语言的逻辑，以便完整表现产品创意的内容。

3 第三章
产品设计定位

3.1 定位目标用户

3.1.1 目标用户的定义

大多数产品设计人员认为，在设计产品之前与潜在客户进行充分沟通是一个很好的方式。潜在客户可以让设计人员深入了解用户想要的产品特征。然而，如果和一个老年人谈论滑板产品就显得是在浪费时间，因为你见过老年滑板爱好者吗？也许会有个别特例，一家公司也永远不会阻止任何人购买他们的产品，但大多数滑板爱好者都相对比较年轻。

扫一扫

用户画像为什么
重要

为了设计出能吸引大多数潜在用户的产品，需要对整个市场的客户群体进行划分，如图 3-1 所示。我们经常把拥有共同特点的群体进行归类，最有可能购买产品的群体称为产品的目标用户。需要归类的目标用户特点如下：

1）人口统计学信息。人口统计学信息是一种统计指标，如年龄、收入和教育水平等方面，它能够帮助定义不同的细分用户群体。大多数的统计信息可以在国家人口普查网站上找到。

2）地理区域。产品的使用地点或用户群体所在地。

3）生活方式。生活方式可以根据一个人的职业、行为和社会经济阶层进行分类，它涉及人们日常生活的衣、食、住、行等方方面面。购物习惯、休闲习惯、对科技的熟悉程度以及宗教习俗，都是生活方式的特征。

4）品牌忠诚度。忠诚度能够侧面反映用户对特定品牌或产品的粘性和信任程度。例如，航空公司中常用旅客里程计划来提高客户对特定的航空公司的忠诚度。

用户信息模版如图 3-2 所示。

目标用户匹配产品案例：如图 3-3 所示，根据用户形象匹配一款适合的智能平板设备。

图　3-1

图　3-2

图　3-3

目标用户形象：

1）人口统计学角度：大部分用户群体为 16 ～ 30 岁的学生和上班族。他们对于学习资源的利用，主要依靠便携的智能平板电脑。

2）地理区域：尽管平板电脑等设备的使用对气候或地理位置并没有特殊要求，但它确实需要一个能够支持计算机和其他高科技智能设备使用的基础设施和条件。因此，目标用户群体基本不会出现在网络不发达的地区。

3）生活方式：平板电脑最大的优势就是方便携带并且能够随时随地学习、办公，有这类需求的用户大多数都是忙碌且精通技术的学生和上班族，这些用户关心他们自身的学业和工作，并且希望节省时间和提高效率。除了平时上学，许多人还从事兼职工作，平时会使用平板电脑来提高办事的准确性，例如用于记录笔记。

4）品牌忠诚度：在设计产品时，如果不考虑品牌的因素，此项可以暂不考虑。

为以上目标用户匹配的产品如图 3-4 所示，并具有以下特点：

1）能够捕捉信息，提高办公效率。使用智能笔，可以帮助记录音频并将其链接到用户所写的内容，这样做的目的是不会轻易错过任何有效信息。用智能笔的笔尖轻敲正在记录的笔记或图画，便能录入用户需要的信息。

2）无需再携带笔记本电脑。平板电脑和智能笔能够将信息有效存档，并将笔记传送到计算机以便整理笔记，让使用者时刻都能搜索到所要的信息。

3）共享笔记。将文字笔记和音频转换为交互式短片，将生成的作品上传到网络进行共享，让大家一起边看、边听、边玩，提供一种学习与交流互动的新方式。

从以上的产品描述中可以明确此款智能平板电脑设备，符合之前描述的目标人群的诸多特征，如图 3-5 所示。

图 3-4

个人信息

- 大专以上学历
- 时常需要外出出差
- 有移动办公的需求
- 对产品品质有比较高的要求

图 3-5

　　在开始设计之初，分析目标用户的主要目的是为了更好地匹配用户的需求，设计出令目标用户满意的产品。

　　开发新产品时，应咨询目标市场的用户，以确定所设计的产品应具备哪些有利的产品特性，同时用户愿意为这样的产品支付多少费用，用户将在何处使用新产品等。在产品初具雏形后，有了产品说明、设计图样或产品模型后，依然应当咨询目标用户，了解他们对于产品的期望。在产品成型及量产之后，市场营销方面的专业人员也需要对目标用户进行分析，确定接触潜在用户的具体方式。例如，用户经常访问哪些网站？他们看什么类型的电视节目？他们收听哪些电台？

但是开发新产品时，仅仅咨询目标市场中的用户就够了吗？不，具体内容请参阅下一节的利益相关者分析，以准确了解能够对设计人员提供其他有价值信息的人员。

3.1.2　利益相关者分析

什么是利益相关者分析？任何一个产品设计的项目中，将涉及或影响的所有人员和目标用户，都称为利益相关者。利益相关者分析，是在项目开始之前确定这群人的过程。根据他们对项目的影响力，在过程当中的参与程度以及对项目的兴趣，对他们进行分组；同时确定与这些利益相关者沟通的最好方式。

1. 利益相关者分析的目的

设计人员、产品经理和项目负责人，都可以出于以下几个战略层面的原因，来进行利益相关者分析：

1）争取获得主要参与方的帮助。通过对项目早期的接触了解，包括跟项目有关的人，如公司执行官或有价值的利益相关者，设计人员可以利用这些关键参与者来帮助和指导项目，以便获取成功。在项目初期，尽可能把握好时机，让这些人参与到项目中，以此提高他们对项目的支持度。但是，在确定要接触哪些利益相关者之前，设计人员或项目主导人需要进行利益相关者详细分析。

2）在所有利益相关者之间，就目标和计划达成初步一致。对于利益相关者的分析，将帮助设计人员确定哪些人将参与到项目中，或是谁是项目最终的受益人。所以应当将这些人聚集在一起，尽早启动会议，以便传达项目的战略目标和具体计划。这将有助于确保每个人在项目开始时，都已经清楚地了解项目未来如果取得成功，会拥有何种图景，以及他们如何能为此做出贡献。

3）尽早解决冲突或问题。如果没有利益相关者分析，产品项目团队很可能意识不到和项目有关的人群有哪些，也很容易在项目开始时忽略一些重要角色。因为利益相关者中的任何一个人，如果后期对产品感到不满意，都有可能会对项目的推进产生负面影响。比如，后期用户如果对产品设计提出质疑或表达出不满，更改设计的成本和资源重新调配，都会大大提高项目失败的风险。

如果在开始之前进行了利益相关者分析，那么设计团队将更利于把握各利益相关者对项目的建议，占据主动从而提高项目潜在的成功概率。之后团队就可以将各项目计划提交给他们，听取他们的反对意见，并努力争取与他们保持一致。

那么，如何进行利益相关者分析？利益相关者分析活动会因公司、行业和团队的不同而有所差异。对于设计项目而言，利益相关者也会因项目的类别有所区分。例如建筑设计、产品设计或平面设计等。进行利益相关者分析时，经常采用的步骤如下：

1）确定你的利益相关者是谁。首先与自己的团队进行头脑风暴，列出在项目中所有可能的利益相关者，如图 3-6 所示。可以逐步减少此列表中的人数，但在初期请不要遗漏潜在的关键人物。潜在利益相关者名单可包括：销售人员、产品设计人员、开发工程师、制造商、客服人员、产品售后、所有有关联的业务部门负责人、目标购买顾客、最终使用产品的群体等。

图　3-6

2）对利益相关者进行分组并确定其优先级。在完成头脑风暴的讨论，并确定哪些人和设计团队是利益相关者之后，就应该开始根据他们在项目中的影响力、兴趣和参与程度对他们进行分类。图 3-7 所示例子是一张网格图表，根据权力与参与度等方面进行分析。

如图 3-8 所示，可以将利益相关者分为四类：

①D 高权力、高参与度：项目当中最重要的利益相关者，设计人员应该优先考虑，让他们对当前的项目进展感到满意。

②C 高权力、低参与度：权力大、兴趣低的利益相关者（例如部门负责人）可以对项目造成很大的影响，但不想参与细节，设计团队应该努力让这些人感到满意。但是因为他们对你的项目没有表现出浓厚的参与兴趣，如果与他们过度沟通，反而会引起他们的不满。

③B 低权力、高参与度：需要让这些人随时了解情况，并定期与他们联系，以确保他们在项目中没有遇到问题。他们可以为项目提供很好的建议和想法，但也不需要总

是对他们说"是"。

④ A 低权力，低参与度：只需定期与这些人保持沟通，但不要花过多的精力。这些人需要获取一些关于项目进展的信息，但他们可能是所有利益相关者中重要性最低的。

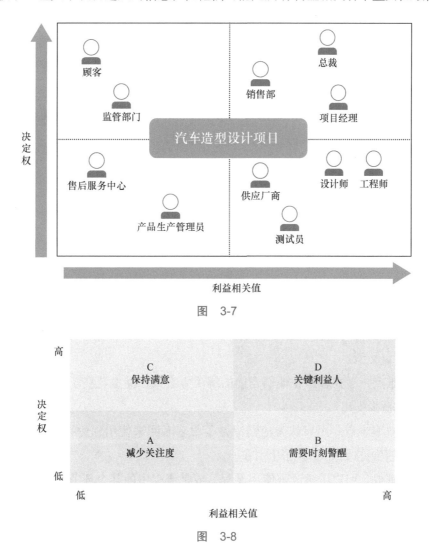

图 3-7

图 3-8

3）找出与各类利益相关者沟通的方式，并试图赢得他们的认同。一旦建立了这份清单，详细、清楚地呈现出对这些利益相关者的归类，就能够从战略层面进行思考，如何才能最大程度上获得这些利益相关者的持续性支持。可以将想要询问利益相关者的问题仔细罗列出来，例如"这类利益相关者的诉求和期望是什么？""这类利益相关者会对我们的项目有积极的看法吗？如果没有，我们该怎么办？"等。

在完成针对每一类利益相关者的问题创建之后，就可以开始着手建立各类利益相关者的沟通计划了。

实际上，企业的项目需要组织广泛的人员参与和专业人士的指导。如果他们不理解或不认同项目的目标或执行计划，那么任何公司的利益相关者都可能成为项目成功的阻碍。在学校学习阶段，特别是大二、大三的同学，接触到专项设计或毕业设计时，从项目调研开始，就应该积极去区分和寻找跟自己项目有关的人物，比如项目辅导老师、后期开发的人员等。这样才能保证从项目调研到成功落地的各个环节较为顺畅。如果在项目初期能获得这些利益相关者的帮助，其中多数人将对研究计划起到重要支撑作用，这样也更有利于项目的后期进展。

这也就是为什么在启动任何复杂的实际项目之前，需要进行利益相关者分析，确定所有潜在的利益相关者，并探讨如何获得他们的支持。

3.1.3　用户的痛点

用户的痛点是什么？痛点是设计项目中，潜在用户正在经历的某些特定问题。换言之，可以把痛点看作是问题，这样似乎显得更加简单明了。

然而，并不是所有的潜在用户，都会意识到他们正在经历的痛苦，只有通过设计人员有效地协助和引导，让潜在用户意识到他们所面对的问题，并告知这项产品或服务将有助于解决此类问题，才能使产品得到有效推广，并且提高使用率。

尽管我们可以把痛点看作是简单的问题，但痛点通常也会被分为几个类别，以下是四种主要的痛点类型：

1）财务难点。潜在客户在他们当前的解决方案或产品上花费了太多金钱，他们希望尽可能多地减少支出。

2）时间效率难点。用户认为他们浪费了很多时间来使用和运行目前的解决方案/产品，或者希望能够更有效地利用时间。

3）流程难点。用户希望改进使用流程，或是流程中的某个环节，从而能够使流程更加方便和顺畅。

4）支持难点。在用户历程中没有得到他们所需要的支持，容易出现疑问并得不到及时的帮助。

清楚了上述类别的用户痛点，我们就可以开始思考如何将产品定位为解决潜在用户问题的解决方案。例如，如果当前的潜在用户的痛点主要是财务方面的，设计人员就可以思考如何在保证产品的特性得到发挥的前提下来节约成本。

然而，虽然这种分类方法较为合理，但是在产品真正投放到市场之前，还有许多问题值得思考。例如，许多目标用户的问题，是分层或是多维度分层的，可能涉及上面几类的问题。这就是为何设计人员应站在整体的角度去看待用户的痛点，并将产品设计看作为是一个系统化的解决方案，而不仅仅是一个只解决了某个特定痛点的方案。长期来看，好的设计人员应该是可以帮助用户解决各种问题，并且值得信赖的伙伴。

如何识别客户的痛点？

当我们了解了痛点是什么，还需要懂得如何真正去识别它们。尽管许多潜在用户可能会拥有相同或相似的痛点，但这些痛点产生的根本原因可能与用户自己的看法并不相同。这也就是为什么是设计人员要首先去思考并确定用户痛点，而不是通过用户来直接告知设计人员。

这里举一个简单的例子。如图 3-9 所示，在夏季天气炎热之时，有一部分人从户外高温环境下作业，回到有空调环境的室内时，首先做的就是找到空调遥控器，把温度调低到最低温度。

图　3-9

在这个场景中，如图 3-10 所示，用户自身的痛点和感受是室内温度过高，而通过对用户的行为分析，设计人员发现用户将温度调到最低温，并不一定是真正希望室内环境的温度降到最低，而是一种心理暗示。他们认为这样做，可以让室内温度迅速降低，从而快速进入舒适的状态。

通过设计人员的整理，我们可以看出用户的实际痛点是：

1）时间效率难点。降温速度没有达到期望。

2）流程难点。需要手动调节空调温度。

在对痛点进行剖析之后，就有了后来的几种设计：

1）智能控制空调：在用户还没到家时，可以通过 App 提前设定温度，保证到家时有一个舒适的环境。

2）自动温度调节：空调通过对室外温度的判断，在打开空调时自动调节到合理的温度。

图　3-10

通过上述例子可以看出，用户的痛点是相对主观的，其痛点产生的根本原因，有时候并不一定是如他们所描述的那样。设计人员应该通过不同维度的调研，分析找出根本性的痛点，才能让后续设计呈现出较为合理的状态。

希望通过学习这个小节，同学们能更好地分辨潜在用户在寻找产品时真正想要解决的问题。尽管许多用户的痛点是相似的，但并没有一个万能的方案来解决用户的全部痛点。幸运的是，没有人能像设计人员一样了解用户的行为。因此，研究目标用户真正想要做的事情，将成为同学们以后学习过程中必不可少的内容。

3.1.4　用户的需求及期待

在开始设计时，设计人员应该懂得满足用户的需求，尽力帮助用户实现期望，这通常也是创建产品的最终目标。在开始设计产品之前，应该了解实现用户期望的三个重要步骤：

1）问题的陈述。

2）将问题转化为假设。

3）定义用户画像。

不可否认，这三个步骤将有助于新的设计，使其成为符合目标受众群体期望的产品。

无论一个项目是关于产品、手机 App 还是网站，它总是与用户需求和可展示的成果密切相关。因此，设计人员及其团队需要思考并提出一系列的解决方案。这些解决方案应该符合目标受众的需求，这样才有可能创造出相对完美的产品。

但是，这样的理想结果却很少发生。事实是：要了解设计的特性，以预期的方式去影响用户，并通过创建产品来实现最终目标，可以说这是一个艰巨的过程。设计人员可以问自己几个问题，例如，这个功能是否会吸引用户使用？这样的功能是否能有效帮助用户？对于目标受众来说，用户旅程是否足够简单、直观？这是否是目前最有效的解决方案？

设计团队可以根据第三方公司或用户自身描述的需求，以及在项目的探索阶段所描绘出的用户角色来进行假设。为了避免将假设的用户痛点或问题看作事实，从而导致项目存在潜在风险，陈述问题的方式就变得很重要。

需要陈述的问题可以分为四大类：

1）用户——谁是产品的目标用户？目标用户的相关背景信息是什么？

2）用户需求——用户希望在产品中得到什么？

3）产品特征——如何改进或改变现有产品？

4）项目成果——如何优化用户的使用场景，满足他们的需求和期望？

通过回答上述问题，设计人员才能确保对所有问题的充分认识、衡量与解决。"问题陈述模板"将是一个很好的辅助工具。

1）对于需要改进现有产品设计的项目。

「本产品」目的是达成「怎样的目标」。通过对现有产品的观察和了解，发现「这些用户需求」并没有很好地被解决，从而影响了产品价值。我们应该如何改进「这项产品设计」，在满足「用户期待」的基础上为用户提供更好的解决方案？

2）对于设计新产品的项目。

当前「本产品」的出发点是建立在「用户的痛点、需求」的基础上。现有的产品并没有解决「这些问题」。我们的产品将基于「策略方式」来解决上述问题。「本产品」将会着重解决「这一部分」。

通过问题陈述模板将问题陈述清楚后，接下来可以将问题陈述转化为假设，下面是一个具体的模板，用于记录每个假设，供后期用户检验。

我们相信「这项问题的陈述是正确的」，当我们看到来自用户的反馈时，将能够分辨出「对 / 错」：

「定性反馈数据」

「定量反馈数据」

「潜在用户关键性行为变化」

在做出假设并拿出真实数据来验证假设时，项目成果才能够让人更有把握。在这个过程中，可以被搜集来作为验证的数据越多，产品最终的方向也会越符合用户的期待。

一旦假设成立，就应该把更多的精力放在产品的目标受众上。通常情况下，用户角色是在流程开始时已确定，有时也会由客户要求的第三方供应商来确定。学校课程中，会由老师来给出用户角色形象。如果是这样，我们可能会问：根据假设陈述，人物角色仍然准确吗？我们需要根据自己的研究结果，反复确认和完善用户角色。

如果用户角色还没有创建，那么在这个阶段就必须创建完成。因此，如果尚未创建清晰的用户角色，可以使用下列角色模板，如图 3-11 所示。

「画像/照片、姓名、角色」　　　「影响行为的因素，比如用户所处位置、学历、收入水平等」

用户头像

「用户需求、障碍、渴望达成的事」

图　3-11

每次确定目标用户的画像时，请提出以下问题：

1）基于假设和假设陈述，这个用户/客户是否真的存在？（可根据答案，相应地进行优化）

2）所列出的用户需求和困难，是否真实存在？（无需为不存在的问题思考解决方案）

3）如果问题是真实的，解决方案能有效吗？（需要尽快获得反馈，并确保情况属实）

记住，创建角色，需要清晰地了解用户需求和期望，这是产品成功的关键因素。

3.2　定义产品方向

3.2.1　产品的市场定位

产品定位，是产品在设计阶段就需要考虑的重要内容，它有助于设计人员了解产品在哪些方面"适合"用户，以及便于将它与竞争产品进行比较和展开角逐。

举个简单的例子，梅赛德斯奔驰的 SMART，在其紧凑的空间下仅可以容纳两个人。很明显，这辆车的销售群体与一般的梅赛德斯奔驰客户是不同的。奔驰（图 3-12）与 SMART（图 3-13）在我们心目中有着不同的品牌形象，并且这两种车型的使用感受也不尽相同。

这款车的创意来自一位奔驰的高管，他认为汽车行业忽视了一部分潜在客户的存在。他认为有的消费者想要的，恰恰是一款小巧、实用，但又非常时尚的城市代步车。

图 3-12

图 3-13

　　虽然这两条产品线仍属于同一品牌，并且都是针对需要进行日常驾驶的人群，但它们的产品定位策略完全不同。

　　为什么产品定位很重要？

在全球化的环境下，竞争非常激烈，设计人员必须有效、明确、合理地定位他们的产品，以确保它们吸引足够多的目标客户。同时，产品定位还为营销活动提供了参考信息，如销售渠道的定义和促销活动的策划。正确的产品定位可以帮助产品取得成功，若是产品定位不清晰、准确，即使是一个强大的产品也很容易失败，导致最终销量惨淡。

前文提到，产品设计的成功，很大程度上取决于是否精准对应了各个细分市场，一个产品必须在所有潜在用户的心目中，占据一个明确且独特的位置。

在当下信息爆炸的时代，消费者接受了海量的信息，并且拥有相当丰富的购物选择。所设计的产品就必须有特定的目标群体以及明确的定位，并突出对用户的帮助和需求的满足。

产品定位不是一朝一夕就可以完成的，在可能的情况下，设计团队应该花时间与目标消费群体进行交谈，认真地去了解用户心理。概括来说，整个产品定位的过程可以分为三个步骤：分类、瞄准和定位（Segmentation，Targeting and Positioning model，STP）。

STP 流程在激烈的市场竞争中显得尤为重要，因为准确的产品定位可以有助于商家构建起品牌特征，使得新产品的品牌特征形象与其他的竞争对手之间形成显著的差异，从而在市场竞争中占据优势。

（1）分类　产品定位过程，从确定用户群体和目标市场中的不同分类开始。如果没有了分类，唯一的选择就是努力满足所有人的需求，但在实际工作中这却是难以完成的任务。

细分事实上就是将用户群体和与之相匹配的产品偏好、行为特征聚集在一起。用户可以根据不同的标准进行细分，而如何对他们进行分类，取决于项目中最需要引起重视的内容。

一些最常见的细分受众的方法是：

1）人口细分。

2）心理细分。

3）地理区域。

4）行为分割。

5）产品需求细分。

6）聚类分析。

那么如何细分和发掘潜在用户呢？

有多种数据源可以帮助设计人员及团队进行细分用户。由于大多数企业、院校没有规范使用用户视图数据库，因此实际操作中，很可能需要通过调研的方式来搜集数据。

收集数据的渠道有：利益相关人分析、用户反馈、用户行为观察、访谈、焦点小组和各权威网站数据等，都可以用于更全面地了解客户。

（2）瞄准　从设计角度来看，目标定位意在评估并确定每一个目标细分市场的商业吸引力和潜力，并确保它们是一个值得开发并为之进行设计的过程。

市场细分可根据以下标准进行评估：

1）规模性。细分市场必须足够大，以证明市场对于产品的需求量很大。

2）同质性。每个细分市场中的用户，在某种程度上应该具有相似性。

3）异构性。每个细分市场中的用户，与其他部分的用户有所不同。

4）实质性。细分市场确实存在需求，并能够通过设计手段去改善现状。

5）可访问性。设计人员及其团体，有办法随时了解到这个细分市场。

一旦确定了这些细分市场，并证实它们具有潜在的市场需求，就可以着手去研究如何更好地围绕市场需求进行设计，并考虑如何使产品更具有商业吸引力。

（3）定位　定位是关键的一个环节，它关系到如何为目标群体设计。就市场方面而言，它有助于对细分市场进行精准营销。

一旦选定了目标细分市场，首先，应该充分了解这个细分市场，优先考虑市场的需求，以及产品设计方面的问题；其次，制订出详细的目标用户角色，这有助于设计人员增强对细分市场的理解，从而更全面地理解用户群体及其真实动机。

例如，除了当前的产品类别，用户还对哪些类型感兴趣？他们还会买什么其他产品？他们喜欢和在意什么？他们不在乎什么？如果可能的话，试着量化并优先考虑这些需求，这样你就可以确定哪些内容才是最重要的。

同时，还需要了解目标细分市场对于当前待开发产品的看法。及时了解人们对产品的看法，将有助于产品的开发，帮助设计团队判断产品定位是否精准。如果发现产品与目标市场的需求出现了明显不一致的情况，那么就得考虑是否需要调整或改变产品设计的方向和目标。此外，针对特定的细分市场，可以搜索同类型的其他产品，进行讨论和比对，这样可以更好地揭示出竞争产品的缺点和优点，并将其纳入新产品设计的考量范畴之内。使用竞争对手分析法，对已经向这些细分市场进行销售的品牌展开研究，有助于更好地制订差异化的设计与营销战略。

总而言之，通过以上步骤，设计人员可以制订一个产品定位，并且需要用简短的话语，来阐明新产品是满足目标细分市场需求的最佳解决方案的理由。

正确地做好产品定位，能更好地消除混乱，有效认清目标用户的需求，以满足他们对产品的期待。

3.2.2　竞品分析

在上一小节中，我们学习了对如何进行产品定位，并了解了如何确保产品具有良好

扫一扫

竞品分析

的市场适应性。在市场竞争中，对于一款新产品而言，除了要有精准的定位，还必须具有明显的竞争优势。

竞争分析是指"认清你的竞争对手，评估他们的竞争策略，以确定他们相对于自己的产品或服务的优势和劣势在哪里"。

那么如何有效地做好竞争分析呢？

在确定了目标市场后，接下来需要进行的步骤是：研究目标客户，了解他们目前正在使用什么类型的产品或服务，市场上有没有类似的产品或服务？有没有一个替代的解决方案，人们正在使用的产品或服务是否足够优秀，还有哪里不完美？

找出市场排名前三位或前五位的竞争对手，找出他们做得好的地方，思考他们设计的服务或产品，以及用户得到的体验如何。在确定了这些信息后，将竞争对手的信息组成一个列表。典型的竞争对手分析表包含以下内容：

1）竞争对手名称。

2）竞争对手的网址。

3）用户数/下载量——主要用于确定产品/平台的真实影响力。

4）该产品使用年限（可选）。

5）产品的更新周期（可选）。

6）提供的主要功能。

7）服务/产品的成本。

8）附加说明。

在进行竞争对手分析时，应该遵循下面几个步骤：

1）充分了解竞争对手信息。每一个公司或产品，都需要从解决紧迫的问题开始。因此，设计人员会在前期进行了大量的市场分析和用户研究。较为成功的公司（并有能力保持这种成功）应该不断去完善和改进他们的产品和整体服务。换句话说，最成功的部分应该是他们产品的用户体验。

深入理解竞争对手，有助于为正在设计的产品或服务的用户制订更好的设计策略。一项完整的竞争分析应该包含三件事：为什么（WHY），是什么（WHAT），竞争对手是如何做的（HOW）。

① WHY。为什么竞争对手会以某种解决方式行事？为什么用户信任和使用竞争对手的产品？为什么这个特定的产品是市场上"头部"企业的解决方案之一？提出这些问题，有助于确定竞争对手成功的根源到底在哪里。

② WHAT。竞争对手为用户提供的解决方案是什么？他们正在解决的问题性质是什么？他们遵循哪些步骤来提供解决方案？为了解决这个问题，竞争对手的产品有哪些具体特点？提出这些问题，将有助于确定自己设计的产品在竞争中可能具备的优势，也

有助于确定竞争对手在哪些方面可能比自己的产品或想法更具优势。

③ HOW。与其他替代解决方案相比，竞争对手是如何设计他们产品的外观和使用流程，从而优化其用户体验的？他们如何从技术层面实现了产品方案？竞争对手是如何保持竞争优势的？提出这些问题，有助于设计人员认清和理解竞争对手所遵循的流程。同时，这些问题也有助于确定待开发产品所能够填补的服务设计中的空白。

2）试用竞争对手的产品。前面提到，通过研究竞争对手的基础信息，或是通过询问用户等方法，来建立对竞争对手的基本认识。然而，如果想真正了解竞争对手的产品，就需要真正去使用其产品，通过一定时间的了解，掌握对手产品的主要特征。

使用竞争对手的产品，意在分析他们的用户使用流程和不同任务，研究竞争对手是如何进行设计的。同时可以绘制一个"用户历程图"，用于直观了解产品的用户体验究竟如何。

此外，可以通过使用这个产品来完成某一项具体任务，以此来评估使用过程中是否存在困难。产品解决问题的方式如何？还有没有更好的选择？竞争对手的产品或服务的总体优势在哪里？他们最大的产品竞争力是什么？竞争对手在用户心中的形象和定位是怎样的？

3）找出竞争对手产品在用户体验方面的问题。每个产品的设计，都需要考虑特定类型的用户或目标人群，通常需要经过用户研究和测试，然后进行多次迭代。然而，有些产品设计纯粹是基于假设和利益相关者的意见，因此往往并不完美。所以设计人员可以通过研究竞争对手的问题，或者产品的整体用户体验中仍然存在的问题，从竞品身上吸取经验，并对自身产品加以完善。

以下是一些判断的维度，有助于识别产品设计和用户体验中存在的问题：

① 研究竞争对手的产品的各种使用流程，比如用户在安装过程中的操作流程，涉及多少个步骤？是否操作简便，耗时多久？初次使用产品的情况下，是否需要通过认真阅读说明书，才能顺利进行？

② 竞争对手的产品，是否具有了基本的可用性，满足合理的交互设计原则？

③ 确定竞争对手的产品中尚不完善的功能，如果找不到任何功能上的缺陷，那便思考还可以进行哪些总体性改进。

④ 他们产品的结构是如何设计的？可以通过拆装产品来进行深入的研究。

4）总结竞争对手，生成分析报告。典型的竞争对手分析报告，应该包括对主要的几个竞争对手进行的深入研究。报告应该强调，竞争对手目前在产品方面尚不理想的地方，以及产品较为成功之处。

以下是竞争对手分析报告中应包含的几项内容：

① 深入分析每一个竞争对手的产品。

② 放大产品细节，研究产品构造并做出分析。

③ 做好每个竞争对手产品的特征列表。

④ 分析每个产品的优势和可以改进之处。

竞争对手分析矩阵表是常用的一种分析方法，其中包含一列产品特性，以及每个产品的单独列，下面举例说明如何构建竞争对手分析矩阵。

如图 3-14 所示，典型的竞争对手分析矩阵，包含以下内容。

项目	竞品1	竞品2	竞品3
竞争对手名称			
竞争对手网址			
用户数/下载量			
该产品使用年限			
产品的更新周期			
提供的主要功能			
服务/产品成本			
产品优势			
产品劣势			
附加说明			

图 3-14

1）正在构建的产品的功能或解决方案。

2）确认竞争对手是否具有相同的功能或解决方案。

3）设置总分，根据每个功能的重要性，为其分配一定数量的分数。

4）分析每个产品的外观设计，总体用户体验和性能也可能包括其中。

总之，典型的竞争对手分析是一个较为耗时的过程，但是如果思路清晰，便能够快速完成。

1）选择市场排名前三位或前五位的竞争对手，并确定其产品及市场地位。

2）使用对手的产品来了解他们的设计是如何展开的。

3）分析竞争对手产品的所有用户体验方面的问题，并创建一个全面的列表。这个列表将帮助你在产品开发过程中，从对手身上吸取经验。

4）在确定用户体验问题之后，寻找产品设计上的缺陷。

5）准备一份竞争对手分析矩阵表，列出所有竞争对手及其产品和功能。这份报告将帮助设计人员及其团队，从整体角度来理解市场竞争。如果执行得当，竞争对手分析可以显著提高用户满意度和转化率，并确保能在激烈的市场竞争中脱颖而出。

3.2.3 产品的设计原则

扫一扫

用户体验五要素

全球市场竞争激烈，企业随时都有被淘汰的可能性。如果设计人员想在复杂的市场角逐中，让自己设计的产品取得成功，那就必须想方设法让产品脱颖而出。事实上，看起来出众且靓丽的产品往往取得更好的销售成绩。产品设计是成功的关键，它需要在你的产品路线图上占有一席之地。优秀的产品团队在产品设计的初期，就已经将美学、可用性、制造工艺甚至长期的商业目标等因素，完美地结合在一起进行考量。

好的产品设计，是形式和功能的结合，它通过删减不必要的部分来进行简化操作。真正好的产品设计，应该是超出人们的期望，并且有能力平衡好品牌需求、用户需求和自我意识之间的关系。从有创新意识的设计领导者的实战经验中，我们总结出了五大设计原则，可以帮助设计人员在设计活动的早期阶段建立产品路线图。

原则一：少而精。

学产品设计的同学们，应该都听说过说过迪特尔•拉姆斯（Dieter Rams）。拉姆斯是 20 世纪最具影响力的设计师之一，同时，他也对消费主义、可持续性和未来设计进行了反思。拉姆斯的哲学不仅仅是设计观念，也是一种生活方式。拉姆斯曾经阐述他的设计理念是"少，却更好"（Less, but better，德文：Weniger, aber besser），与现代主义建筑大师密斯•凡•德•罗的名言"少即是多"（Less is more）对比出有趣的内涵。他与他的设计团队设计出了许多经典产品，包括著名的被称为"白雪公主之棺"的留声机SK-4，以及高品质的 D 系列幻灯片投影机 D45、D46 等，还有为家具制造商 Vitsoe 设计 606 万用置物柜系统。他的许多设计，如图 3-15 所示，如咖啡机、计算机、收音机、视听设备、家电产品与办公产品，都成为世界各地博物馆的永久收藏。

1956 年，拉姆斯和乌尔姆造型学院的产品设计系主任汉斯•古戈洛特共同设计了一个收音机和留声机的组合装置——SK4 收音留声机，如图 3-16 所示。由于其突出的功能主义的简洁造型，在当时被戏称为"白雪公主之棺"。其极具代表性的设计是采用了白色的金属外壳，而不是当时常用的木质外壳，所有的按键和零部件都化为了简洁的圆形或长方形，跳出了以往留声机固有的木质家具感，在当时来说这是极具创新的。

1958 年，拉姆斯为博朗公司设计了博朗 T3 口袋收音机，如图 3-17 所示。操作界面上的按键和调频旋钮布局简单、直观，不常用的部件及插孔都被安排到收音机的侧面。他把复杂的线路都设计到机身内部隐藏起来，并将喇叭开创性地设计在产品的外表，这种产品功能的集中和人机操作的便利、易用，在后来也深深地影响了苹果公司的设计，如 iPod 系列。

图 3-15

图 3-16

图 3-17

1960 年，拉姆斯为家具制造商 Vitsoe 设计了模块化的 606 万用置物柜套装，如图 3-18 所示。这套家具延续了系列模块化的设计理念，拉姆斯几乎尽他所能把这套家具系统做到完美。这套家具颜色上采用朴素的白色基调，造型上方形和直线的元素运用得恰到好处。整体视觉上，这套家具与书桌、茶几、书柜可以实现完美搭配，一点都不突兀。

图 3-18

拉姆斯为博朗设计的 RT20 收音机，如图 3-19 所示，圆形的扬声器，整齐有序的旋钮，透明的调频指示，每个细节都十分讲究，整个收音机设计得精致但又不失和谐的美感。拉姆斯认为，通过繁复浮夸的表面设计引起消费者的注意，是不能得到情感上的回应的。只有在设计里越少地加入信息，才越能引起消费者情感上的回应。而这种情感回应，则需要在细节中得以实现。

图 3-19

1987 年，拉姆斯与迪特里希·吕布斯一起为博朗设计了 ET66 计算器，如图 3-20 右图所示。可以看出其对产品细节上的精致追求。清晰的人机界面上，分别单独设置了输入和输出键，并用红色和绿色来区别，而其余按键的颜色都颇为严谨。颜色的分类不仅仅是外观上的美观，更重要的是它将代表功能区别，一个功能区域就是一个统一的颜色。按键外形被设计成向上凸起的圆形，而不是有稍微下陷的凹面。这是因为设计人员们在反复模拟测试后得出了一个结论：对于用户来说，能否准确地触摸到按键，相对于按键按下去的手感来说更为重要。图 3-20 中的左图为 2007 年苹果手机上搭载的计算器界面，正是借鉴了拉姆斯设计的 ET66。

1955 年，迪特尔·拉姆斯（图 3-21 右图）被聘为德国博朗公司的建筑师和室内设计人员，并于 1961 年至 1995 年担任首席设计官。他在博朗公司工作超过 40 年，直到 1988 年退休。拉姆斯在职期间引入了可持续发展的概念，并提出要生产出"朴素、美观、用户友好"的产品。他不断地问自己："我的设计好吗？"这个问题也成为产品经理和设计人员不断问自己的问题。为了回答这一问题，他总结了好的设计应具备的十项原则。

图　3-20

图　3-21

　　1）好的设计是创新的（Good design is innovative）：创新的可能性是永远存在并且不会消耗殆尽的。科技日新月异的发展不断为创新设计提供了崭新的机会。同时，创新设计总是伴随着科技的进步而向前发展，永远不会完结。

2）好的设计使产品具有实用性（Good design makes a product useful）：产品买来是要使用的，至少要满足某些基本标准。除了功能，也要考虑用户的购买心理和产品的审美。优秀的设计强调实用性的同时也不能忽略其他方面，不然效果就会大打折扣。

3）好的设计使产品具有美感（Good design is aesthetic）：产品的美感是实用性不可或缺的一部分，产品无时无刻不在影响着我们的生活。

4）好的设计使产品易于理解（Good design helps a product to be understood）：优秀的设计使产品更容易被读懂，让产品的结构清晰明了。

5）好的设计不引人注目（Good design is unobtrusive）：产品要像工具一样能够达成某种目的。它们既不是装饰物也不是艺术品。因此它们应该是中庸的，带有约束的，这样会给使用者在个性表现上留有一定空间。

6）好的设计是诚实的（Good design is honest）：不要夸大产品本身的创意、功能和价值。也不要试图用实现不了的承诺去欺骗消费者。

7）好的设计是持久的（Good design is durable）：优秀的设计经得起岁月的考验。

8）好的设计深入到最后一个细节（Good design is thorough to the last detail）：优秀的设计是考虑周到并且不放过每个细节的。任何细节都不能敷衍了事或怀有侥幸心理。设计过程中的细致和精确是对消费者的一种尊敬。

9）好的设计是环保的（Good design is concerned with the environment）：让产品在整个生命周期内减少对资源的浪费，降低对自然的破坏并且不要产生视觉污染。

10）好的设计是简洁的（Good design is as little design as possible）：优秀的设计是简洁的，因为它浓缩了产品所必须具备的因素，剔除了不必要的东西。

上述就是拉姆斯的设计原则，诠释了"少即是多"的设计理念。换言之，简洁和清晰构成了良好的设计。

原则二：打动人心。

Facebook 公司产品设计副总裁朱丽叶·卓（Julie Zhuo）的设计理念，在某种程度上是由索尼随身听（Sony Walkman）塑造的。卓的叔叔曾经送给她一个索尼随身听作为礼物，这让她大吃一惊。她曾在书里写道："这是我拥有过的最华丽的东西，不仅仅因为它播放了我从收音机卡带录制的唱片。在我看来，它的每一个细节都完美无缺。""在我的生活中，有很多很多我欣赏的东西。它们做了我希望它们做的事，节省了我的时间，让我停下来欣赏它们的美丽。很少有事物能让我感到惊讶，但是这项设计比我想象中的任何事情都要好得多。"

索尼随身听如此令人满意的原因，是因为它超出了用户的预期，并打动了消费者。产品设计至少应满足功能要求，但优秀的产品设计，不应该满足于最低要求，而是给用户超出预期的产品，从而传递出良好的体验。

原则三：不要造成不必要的伤害。

巴塔哥尼亚（Patagonia）是一家户外服装和设备公司，总部位于美国加利福尼亚州。自 1973 年成立以来，一直是可持续发展的倡导者。巴塔哥尼亚的创始人伊冯·乔伊纳尔（Yvon Chouinard）也是一位热衷于攀岩、冲浪和皮划艇等运动的人。因此，这样的企业文化在公司的运营，尤其是产品设计中起到了重要的作用。

巴塔哥尼亚的产品设计理念是公司八大核心价值之一，可以将其概括为"巴塔哥尼亚致力于制造出最好的产品"。巴塔哥尼亚将"最好的"定义为，多功能的产品（当一个齿轮能够完成工作时，就没必要用两个齿轮），耐用、合适、简单、易于护理、真实，经过详尽测试，提供附加值，不造成不必要的伤害。

推动巴塔哥尼亚决策时，思考的关键问题是"我们如何才能更好地保护环境？""我们怎样才能使现有产品更好？"以及"我们如何减少负面影响？"减少和避免不必要的伤害，是推动巴塔哥尼亚发展的动力。以下是巴塔哥尼亚"使命宣言"的一个片段，它简洁地描绘出了巴塔哥尼亚的愿景：

"对我们巴塔哥尼亚人来说，我们热爱自然、美丽的地方。因此，需要参与到拯救和保护环境的活动中去，帮助扭转地球环境现状急剧恶化的趋势……我们知道，我们的商业活动——从照明商店到染色衬衫，这些活动对环境都会造成不小的污染。因此，我们将稳步减少这些危害。我们在很多衣服中都使用回收的聚酯纤维，它属于有机原料，而不是普通棉麻。"

原则四：形随功能。

"形式服从于功能"是第一批设计摩天大楼的美国建筑师之一——路易斯·沙利文提出的。路易斯·沙利文认为形式是功能的表现，功能不变，形式也不变。20 世纪初的现代主义建筑师广泛采用这个法则，后来被其他领域的设计人员纷纷采用。"形式服从于功能"法则，可以用两种方法来诠释，一种是美感描述，另一种是美感规范。"描述性诠释"指的是美感来自纯粹的功能，没有其他多余装饰。"规范性诠释"指的是设计注重功能，美感属于次要。

举例而言，我们来看滴滴打车软件的界面，从"滴滴打车"到"滴滴出行"的变化，滴滴 1.0 版本的界面满足了主要功能，如图 3-22 所示，但是在 2013 年，打车软件如雨后春笋，短时间打造了一个新兴产业，也吸引着投资人的目光。一个产业的发展必然要经历一次次暴雨的洗礼，打车软件经历了变相议价、恶性竞争、同质化发展等阶段。当所有的打车软件都有相同的功能，看上去都一样时，滴滴 6.0 版本形象升级，如图 3-23 所示。滴滴的产品与设计的专业性越来越强，渐渐为用户和行业认可。

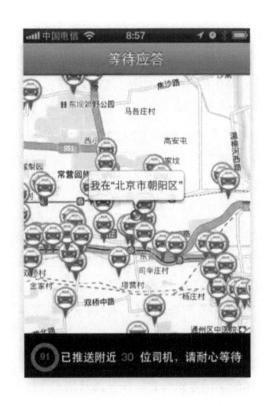

图 3-22

图 3-23

　　总部位于美国加利福尼亚州圣巴巴拉的索诺斯（Sonos）是一家以智能音箱闻名的消费电子公司。这家公司的目标是：能够无线传输地球上所有的音乐，到地球上任何一个房间里。

　　产品形式随着功能而转变，在索诺斯是非常普遍的现象。如图 3-24 所示，它曾发布的 Playbase 就是很好的例证。Playbase 是索诺斯的无线家庭影院扬声器。"研究人们在家中的生活方式及娱乐技术时，索诺斯的产品设计人员发现了一个似乎有损于本公司利益的事实：据统计，大约有 70% 的用户并不会把电视机挂在墙上，而是宁愿把它们放在一件家具之上。"如图 3-25 所示。

　　对于产品开发和设计，索诺斯公司创造新产品的协作模式是："当我们着手开发新产品时，用户体验设计人员、硬件、软件和客户支持团队都在一张桌上。他们先构建最初的想法，然后是原型，测试，再反复调整。我们注重以客户为中心的方式去开发产品。"

图　3-24

图　3-25

原则五：设计立足本地，思考全球。

产品设计就是为人们制造出更好的产品。由于市场是全球化的，产品设计自然需要参与国际化竞争。设计人员面对的主要用户可能是本地的，也可能是海外的用户。因此，这不仅仅是简单地将文字从中文改为英文那么简单。

关于有效的国际化，可以遵循以下一些基本原则：

1）遵循用户的使用流程。

2）避免使用过多的文字。

3）注意使用形象化的图例。

4）提供翻译文字。

3.3 集思广益

3.3.1 找寻设计灵感

灵感不是一个设计人员脑子里突然闪现的东西。大多数情况下，我们必须采取积极的方法去发现灵感。有许多设计人员和设计专业的同学，在做设计时都会通过搜索引擎搜寻相近方案，很显然这些都被过度使用了。当我们还在电脑屏幕前消耗大量时间寻找灵感和方案时，世界上优秀的设计人员们却能够从其他途径找到灵感。为创造一个真正成功的设计，我们必须掌握能找到灵感的独特方式。

1. 梳理不同时代文化

每个时代都呈现出不同的文化、生活方式和艺术风格。回想一下过去的历史，那些曾经的建筑、人、艺术、文化、事件甚至情感。基于当下的变化，可以设想未来一段时间将会发生的变革。回顾过去或展望未来的设计，可以激发我们的大脑以不同的方式思考，或许可以不用再去追随当今艺术家的潮流，而是寻找属于自己的思路。

2. 看看设计之外的物件

有时候，站在设计之外思考，将能够获得更多的灵感。以改革开放初期为例，图 3-26 ~ 图 3-28 所示为当时我国劳动人民生活中经常会出现的小家电。

图　3-26

图 3-27

图 3-28

　　小家电的外观、颜色、重量，所有这些特征都在设计人员的考虑范围内。当时所具备的工程技术条件，不仅体现在功能上，还体现了属于那个时代的工业设计，呈现出一幅当时人民生活的场景。事实上，任何一个时代的画面，都比上面所展示的图像要丰富得多。如果设计人员能认真思考历史上不同的时代，并专注于将那个时代带到当下的生活中，这并非简单的复制，而是一种转译和再创新的过程，或许将能够有伟大的设计诞生。

　　3. 关注自然

　　"关注自然"这句话我们已然非常熟悉，但还需要说一次——大自然是设计灵感的伟大源泉。然而，许多设计人员不知道如何看待自然才能从中汲取灵感。

下面是两种常用的方法。你可以从下面两个方面着手进行学习，并尝试摸索出一定的技巧，在大自然中寻找灵感。

（1）切换角度　一个人可以每天走出去看看大自然，哪怕你经常觉得周围的一切并没有什么特别之处。

如图 3-29 所示，从不同的视角看自然界，可以让生活变得充满情趣。一个好的设计人员知道如何让受众专注于某一点，或产生某种感觉。从下面案例能够看出，将自然置于新的视角中，可以使观者以一种更有意义的方式看待和欣赏自然。

图　3-29

这些不同角度的照片，不再是一些关于向日葵的普通照片。

如图 3-30 所示，这可以说是超越摄影的范畴，你可以把它当作一个思维过程，用一种新的方式来看待自然的尝试。改变思考的视角，创造出新颖有趣的设计。

图　3-30

（2）放大看 想要从大自然中的寻常元素中，获得独特的设计灵感，有一个诀窍是观察自然界中的某个元素，注意需要近距离观察。比如看纹理、颜色、形状和变化，然后从设计人员的角度出发进行思考，以此来找到灵感，如图 3-31 所示。

显微结构

图 3-31

4. 思考城市生活

与自然完全相反的是城市生活。城市中的内容很丰富，色彩、个性和行为，作为一种灵感来源它们很难被忽略。如果一个人来自大城市，可能刚开始很难将城市中的元素进行拆分，并从中得到启发，其实我们可以尝试用以下方式来看待它。

（1）城市艺术 到市区散散步你会看到，城市中的大型雕塑常被用于激发人们的艺术创造力，甚至它可以作为一种有效的营销手段，摆放在公司大楼前。这些雕塑包含了从抽象的形式，到某些格格不入的元素，再到代表城市历史和文化的元素。这是一种很有趣的艺术形式，值得欣赏和借鉴。

（2）建筑 最酷的建筑似乎总是来自大城市。在大街上，我们也需注意到它们的美，但有多少人会把这种美变成设计呢？无论一座建筑是因为它的高度令人难以置信，因而显得独特，还是历史悠久而显得有趣，城市中的每一座建筑背后都有一个鼓舞人心的故事。研究城市建筑的线条、纹理和形状，也可成为自己的创意路径之一。

城市广告牌的设计中，有很多不同的考量因素。特别是在大城市里，广告的灯光、大小、创意都需要能够快速去打动人心。当你来到一个中央购物区散步，把广告牌当作一种艺术形式来研究，可以从白天和晚上两个不同的视角进行观看。

5. 探索图书馆

如果你想要一个安静之处去思考方案，可以选择图书馆。在寻找灵感的时候，去图书馆找一篇文章、一本书或一本日记，排除内心杂念，然后让大脑来完成剩余的工作。利用图书馆获取灵感的方法，还可以是拿起一本没有图片的书、文章或日记，可能是小说或其他类型书籍。找到某个故事或一个描述性的段落并产生思考，根据感受到的情绪和对阅读的理解，来创造一个设计。

6. 远离一切

如果上述方法都不奏效，你找不到足够好的灵感，那么还有一种方法可以尝试：远离一切。将大脑放空，有时当我们顾虑太多，反而容易看不清全局。你可以多去做一些轻松的事情，例如写字、画画或是拍照，在随机性的创造中，寻找创作灵感。这项无意识的任务，可能会带来新的情感和思想，加速灵感的产生。

伟大的设计只能由独立的思想家创造。按照上面的建议，寻找新的视角和方法来看待日常事物，从而成为一个有创意的思考者。任何一个设计人员都会有独属于有他自己的实践与经历，在寻找灵感的过程中，不断激发自己的创意。

3.3.2 头脑风暴

头脑风暴是一种很好的方法，它能够产生很多单单依靠笔和纸无法产生的想法。集思广益的头脑风暴目的是借助团队集体思维，通过相互交流、倾听，汇聚各方的想法。通过脑力激荡，打开大脑的生成部分，关闭评价部分，从而创造出一段特别的创意时间。

头脑风暴几十年来一直是创意产业的基石，多年来随着头脑风暴在各种实际工作中的应用，它也在不断发展和演变。头脑风暴本质上是一群参与者将先前获取的知识和研究聚集在一起，收集解决某些问题的方案。头脑风暴唤起了探索性、实验性思维和狂野思想。

头脑风暴为人们创造了一个安全且有创造力的空间，让人们觉得自己能够随意说话，不受约束，并且知道自己不会因此受到批判，从而激发更多新的想法。头脑风暴是一种依靠直觉生成概念的方法。团队成员用语言在规定的时间内进行交流，头脑开放，没有约束。头脑风暴的优势在于把许多个人的努力联合起来，产生出一些个体不会产生的想法。团队成员在经验、技巧和个性上都有所不同，此方法利用这个"差异性"快速地创造许多好的解决方案。以下是关于头脑风暴的一些规则和建议，这样的操作可以使头脑风暴会议更好地面向用户，更有效、更具创新性和趣味性。

1. 设定时限

有意留出一段时间，让整个团队进入"头脑风暴模式"。在这个时间段内，唯一追求的目标就是提出尽可能多的想法。在此期间，不要对这些想法进行评判。通常，头脑风暴需要 15 ~ 60 分钟时间。根据问题的难度，小组的目的、经验，时间可以适当延长或者缩短一些。头脑风暴最初 10 分钟，通常会用在问题定位和熟悉上；接下来的20 ~ 25 分钟，我们会看到创意先是剧增，然后有一个平台期，接着剧减。在最后的10 分钟，可能还会有一些灵感的闪现。

2．从一个问题陈述、观点、计划或目标开始，并始终围绕这个话题

头脑风暴法之父亚历克斯·奥斯本（Alex osborn）强调，由于解决多个问题的会议显得效率低下，头脑风暴会议应始终解决某个特定的问题。因此，一个好的问题表述，将成为一个良好的开端。清楚地写下此次的头脑风暴的目标。使用"我们如何解决 / 创造 / 改善……"这样的句式，将是构建头脑风暴目标的一个好方法，例如"我们如何解决购物车分类的问题""我们如何创造一种好的购物体验""我们如何改善购物车的使用方式"等。

3．保持积极的态度，不做评判

主持人应始终保持积极、不带引导性的语句，并告诫参与者，在构思过程的关键阶段，不要对他人的想法做出批评性的建议。头脑风暴会议，并不是评估想法的场合，重要的是参与者在一个有安全感的环境中感到"自信"，这样他们才会提出真实的想法，同时又不担心被别人批评。主持人应该为所有参与者创造平等的机会，不要以某个人为主导。最好的想法往往来自于从业者、学生和敢于以不同的方式思考的人，而不一定只来自高技能和经验丰富的管理者。不要把与会人员局限在某个领域，思维要发散。

4．鼓励怪异和疯狂的想法

新的思维方式可能会给项目带来更好的解决方案。疯狂的想法往往会带来创造性的飞跃。在思考奇思妙想时，我们倾向于考虑内心真正想做的东西，而不过分受技术或材料的限制。我们可以认真思考这些神奇的想法，或许通过新技术的应用便能够实现它们。

5．以数量为目标

在整个创意激荡的过程中，争取产生尽可能多的新想法。此时产生的想法越多，那么之后产生一个优质且高效的解决方案的机会就越大。集思广益，秉持"数量孕育质量"的原则。

6．相互借鉴

正如我们常说的"1+1 ＞ 2"那般，头脑风暴通过联想的过程来刺激想法的产生。当参与者希望利用彼此的想法，来激发自己的创意时，头脑风暴将会是一种很有效的方式。我们的头脑具有高度的联想性，一种想法容易激发另一种想法。当我们在思考他人

的一些设想时，这个过程会使得我们不容易被自己的思维结构所束缚。

7. 想法可视化

鼓励参与者使用彩色笔在便利贴上书写，勾画出自己的想法并将它们贴在墙上。没有什么比画出自己的想法，更加快捷、有效了。无论画的质量如何，它都能够反映出参与者在快速表达过程中的想法。

最后，互相倾听、阐述彼此的想法。最佳的头脑风暴应该是：在个体思维和集体思维两种模式之间进行无缝、高效切换。亚历克斯·奥斯本在 20 世纪 50 年代的《经典应用想象力》一书中曾指出：创造力来自于个人和集体思维的融合。

此外，还有 635 法，又称为"静悄悄的头脑风暴"，具体实施方法为：6 个人参与者围绕圆桌而坐，每个人出 3 个创意，5 分钟内写在专用纸上。具体步骤如下：

1）准备 6 张专用纸，参与者一人一张。

2）一人写完后，传给旁边的人，顺时针方向或逆时针方向均可。

3）参与者接到前面人的想法后，受到启发得到一个新的想法，写上去，然后再传到下一个人手上，如此反复 6 次，于是 30 分钟内，3 个创意 × 6 个人 × 6 张纸 =108 个创意。

第四章
设计方案的快速表达

4.1 表达初始概念

4.1.1 快速二维表现

如图 4-1 所示，如果你已经产生了一个想法，并且想将它发展下去，下一步应该怎么办？

图　4-1

此时请记住，不要急于开始建模，或是去尝试制造一个原型。最好的方法是利用简单的纸笔，快速将最初的设计构思记录下来，这也能为自己节省大量的时间和金钱。

此时，虽然设计人员可能对于自己的初步构想已经过反复思考，并对它的外观形成了初步概念，但对于这个产品的设想，还只停留在自己的脑海中。如果不知道该如何下手，可以先记下笔记，写清楚产品特征和相关属性等。努力把握自己设想的本质，如它的主要目的，想要解决的核心问题，以及想要拥有的形式（颜色、纹理和外观造型）

等。以书面形式表达出最初的设计构思，是帮助产品取得成功的第一步。

在设计想法构思时，使用有效的视觉形象构建方法（如素描）来表达自己的想法，能为设计人员和客户之间更好地沟通打开一扇大门。

有时候快速表达方案可以替代的不仅仅是文字，还可以帮助他人瞬间理解某个设计概念。草图对于正在进行团队合作的设计人员而言用处颇大。它可以通过简单、快捷的方式向他人简要介绍自己的想法。

通过草图，首先可以对产品造型结构进行推敲。形体、色彩、材质、物象空间关系、透视关系、光影效果是其表现要素，最终目的是展现物体的形态变化和物体表面的属性。其次，是对产品使用方式的推敲。将用户使用产品的方式或场景表达出来，探讨使用功能、使用方式、产品的大概尺寸、产品的使用位置等。针对产品的局部细节，如按键的切角多大、局部结构的转折、凹凸效果如何等逐步分析。

通常情况下，产品设计人员对于绘制草图的工具十分重视。选择合适的设备，能够以最好的方式表达自己的想法，并创建起产品与客户的视觉连接。没有必要去购买昂贵的材料创作草图，即使是最基本的草图工具，也可以将想法很好地呈现在纸面上。不过至少需要准备一些黑色细水笔和圆珠笔，用于绘制线稿。如图 4-2 所示，最好的办法是自己多做尝试，找到适合自己的绘图工具。

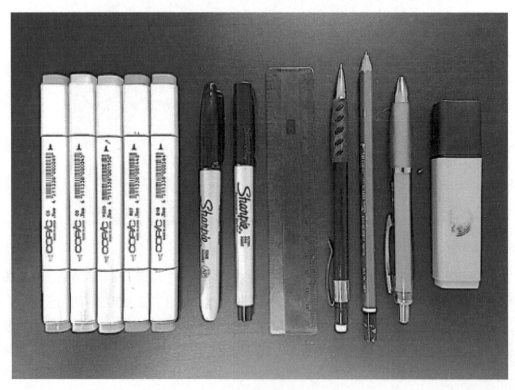

图 4-2

创建一套逼真的草图，最重要的是掌握透视规律，以及如何使用透视图。一幅好的透视图，通常是眼睛能感受到的，它看起来很"自然"。透视一般是指在二维平面上传播的三维事物的再现。透视图可分为几种类型：一点透视图、两点透视图和三点透视图。两点透视图在产品草图中最为常用，因为它能够将产品概念表现得最为完整。一点透视，是指物体的正面和画面几乎平行，正面几乎没有透视变化，适合表现一些主特征面和功能面均设置在正面的产品，如电视机、冰箱等。两点透视，是指当物体的一个面和画面成一定角度时，物体在画面的透视为成角透视，透视线消失在视平线心点两侧的灭点，适合表现大多数造型有正面到侧面变化的产品。绘图视角的选取取决于三个方面。

1）必须最大限度地展现设计构思、产品的主要特征和细节。

2）必须有助于确定产品的比例尺度，较小的产品一般都会从上面观察，较大的产品的观察视线会比较低。

3）必须引起观察者的兴趣，使产品的主特征面和功能面占据主要的画面。

同时，线条的质量也是极为重要的因素。线条的好坏，决定产品草图的质量。线条的好坏，即线条的舒缓程度、曲率、深浅变化以及松紧程度等。在一幅草图中，有几种不同的线条需要加以区分。

1）轮廓线。因形体之间存在前后空间关系而产生的空间分界线，是具体产品呈献给"观众"的整体印象，因此是最重的。

2）分型线。产品部件与部件之间的分界线，其描述的内容是某个产品是由哪几个部件形成的，轻重程度是其次。

3）结构线。各部件自身由于形体发生转折变化而产生的形体分界线，其描述的是某个部件的具体形态，其轻重程度轻于分型线。

4）剖面线。进行产品表达的辅助性线条，用于补充说明产品形态以及各部件之间的转折关系，其轻重程度最轻。

4.1.2 细节体现

构思草图阶段，由于设计人员在构思产品概念时，创建的快速草图主要用于描述一些产品的大致情况，没有太多的细节表达，这就使得和他人的沟通显得比较费力。

真正能用于团队沟通的草图，必须要体现出产品的细节，解释清楚设计概念中的功能、形状和结构，便于团队成员和用户进行阅读和理解。

简而言之，概念草图应该向用户展示出产品的视觉吸引力。这意味着细节往往是必要的，有时甚至需要夸大细节，以表现出最显著的产品特征。细节的元素展现了产品本身的形貌、质感，这就是设计人员必须重点思考并将其突出的原因。没有设计细节的产品是没有灵魂的，在卡通片中我们也经常会看到主人公夸张的大鼻子、大耳朵、大嘴唇，因为这些细节显示了一个人的独特性格和气质。

另外，为草图添加细节，能够为用户和其他团队成员如设计人员、工程师等提供重要信息。如图 4-3 所示，细节可以显示对象的总体大小、比例关系等内容。同时，它也赋予产品更逼真的外观造型。所有细节都是一个整体的局部，设计人员画出能想到的每一处细节，并添加注释或箭头，以突出产品上的重要信息。设计人员还应当努力探索和留心观察一些日常用品的设计，尝试着多问自己：它们有扣子吗？哪里是充电口？是否有指示灯？并且试图解答为什么在特定的地方有橡胶或是金属片。这样的反思，将有助于设计人员提高自身对于产品结构特征、材料特性等方面的认识。

图　4-3

4.1.3　使用流程的表达

使用流程的表达，主要目的是帮助用户理解产品。除了产品的基本草图外，其重点是分析整个产品的使用流程并发现问题。

产品流程的草图，可用于说明和评估初期设计方案的产品可用性。把产品使用流程表达出来，便于跟团队成员交流并说服用户，让用户清楚这个产品将如何使用，以及产品的发展潜力如何。关于使用流程的草图，应该更加清晰地显示出用户的目标，同时应该突出潜在的使用流程上的弊端和用户痛点。

如图 4-4 和图 4-5 所示，通过流程草图的描绘，可以明确产品使用过程和使用情境，侧面看出产品对用户生活的影响，帮助设计人员和团队判断产品是否能够真正满足用户需求。

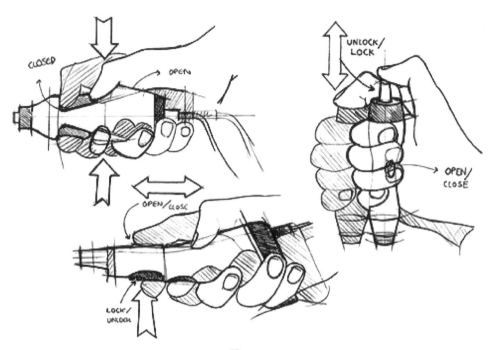

图 4-4

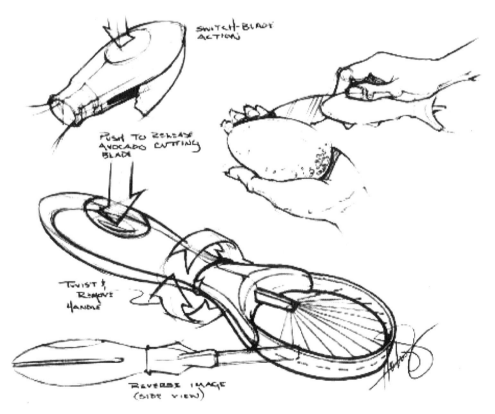

图 4-5

4.2 快速模型

在设计思考过程中，评价方案的最佳方法之一是进行某种形式的快速模型制作。此方法目的在于用成本较低且按比例缩小的产品，揭示当前设计中的某些问题，如图 4-6 所示，或提前发现产品使用过程中存在的操作问题，如图 4-7 所示。模型制作为设计人员提供了将其思考变为现实，测试当前设计的实用性，以及调查潜在用户对产品的看法和感受的机会。

图 4-6   图 4-7

在设计思维过程的最后测试阶段，通常使用模型来确定用户的行为方式，探寻问题更优的解决方案，或验证当前的解决方案是否有效。然后将这些测试所得到的结果，用于重新定义项目早期阶段建立的一个或多个问题，并全面了解用户在现实环境中与产品进行交互时可能会遇到的问题。

一般来说，在制作快速模型时，可以同时使用传统技术和数字技术来制作概念想法的三维模型。物理模型是传达概念的一种有效工具，包括产品或包装的内容。创建泡沫模型和包装模型，可以帮助设计人员或设计团队对新产品的形状、尺寸、比例和人体工程学方面进行正确评估。

在以数字技术为主导的时代，手工模型的创建依然十分重要。根据简单的 2D 草图，可以在设备齐全的车间中生成精确的 3D 模型。通过快捷有效的建模过程，可以进行快速的设计创意表达，以供后期评估，而不需要将创意想法转换为用于数字化生产的 CAD 数据。此方式广泛应用于快速消费品领域，对于复杂的产品形态而言，手工模型相较于数字化生产来说耗时更短。快速模型大致分为以下几类。

1. 泡沫模型

高密度泡沫塑料是一种轻巧且用途广泛的材料，非常适合制作各种尺寸的模型。泡沫塑料也称为多孔塑料，是以树脂为主要原料制成的内部具有大量微孔的塑料，具有质轻、绝热、吸音、防振、耐蚀等特点，有软质和硬质之分。泡沫模型可以帮助设计人员传达产品的概念、尺寸以及人体工程学方面的信息，这些都是产品设计开发中的重要评估因素。

2. 纸板模型

纸板模型制作是一种常见的低保真度模型制作方法，如图 4-8 所示，可用于制作产品模型或构建应用场景，例如商店环境、售票机、家具、设备等。纸板模型制作便捷，主要使用廉价的纸张或纸板。其他易于搭配使用的材料还有泡沫芯、橡皮泥或胶带等。

图　4-8

模型既可以是缩小的，也可以是实际的大小，甚至可以是大于实际产品尺寸的。为了在评估中进一步探索和验证核心功能以及这些对象的作用，纸板模型通常与演练方法结合使用，或作为演练方法的一部分来使用，例如桌面演练或调查演练。

用纸板制成的模型，既便宜又易于制作。纸板模型制作是所有模型制作方法中相对简单的一种。纸板模型令设计人员能够轻松、大胆地进行创造发挥。此外，在测试过程中，用户也能够很方便地提出自己的建议。

纸板模型制作的过程，有助于将初始概念进行具体化表现，并找出设计中的优点和缺点。为了能够更快速地创建模型，在开始制作时，也可以先构建一些小尺寸的版本作为基础。

3. 油泥模型

油泥形似黏土，是一种蜡和填充剂的混合物，能够在室温下保持固态。设计人员能够使用油泥来表达设计的想法或模拟产品的结构。即使是在以计算机设计为主导的当下，虚拟现实和增强现实技术发展迅猛，油泥模型制作仍然是设计中至关重要的环节。

油泥模型目前仍广泛应用于建模与产品设计中，例如汽车、摩托车和消费电子产品，如图 4-9 所示。油泥材料的主要成分有滑石粉、凡士林、工业用蜡。油泥材料的优势在于没有太大的膨胀或收缩，并且在 25℃左右的温度时，仍具有一定的硬度。油泥模型的形状是较为稳定的。由于油泥在室温下仍能保持一定硬度，因此在模型制作过程中，需要利用油泥专用烤箱以 45 ~ 60℃的温度加热，直到油泥内部变软为止。设计人员可以多次涂覆或刮擦油泥，因此可以很容易地更改油泥模型的形状和设计，如图 4-9 所示。

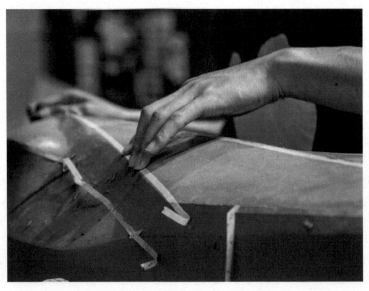

图 4-9

以汽车的油泥模型制作为例，整个过程包括制作初坯、填敷油泥、粗刮油泥、精刮油泥、贴膜、喷漆，最后是安装车灯、轮胎等部件。油泥模型制作的第一步是制作初坯，由于油泥比较昂贵，车体内部采用油泥填充会使成本过高，因此模型的初坯一般用发泡塑料削切粘合，做出汽车模型的基本形体。初坯做好后，就可以填敷油泥了，油泥要先进行烘烤，使其变软，然后一层一层填敷在初坯上，每一层不要过厚，保证油泥之间的贴合，直到填敷满整个初坯；接着进行粗刮油泥，参考汽车图样，进行反复比较，刮出汽车模型的基本形状；之后进行精刮油泥，此时要用特制的铲子和刮刀来完成细节的勾勒，反复确认模型的形状准确无误，各面的连接、过渡和光顺度都要符合设计的要求；在完成精刮之后，为了让细节设计更为严谨，有些模型还会在表面贴上金属膜，或喷涂油漆，做到与真车极其相似的程度，方便设计人员更加直观地调整细节。有的模型不需要对车身颜色进行比对，只需要最后装好大灯、车轮等零配件，一个完整的油泥模型就做好了。

4. 3D 打印

一些体量相对较小设计方案，也可以使用 3D 打印技术来完成，如图 4-10 所示。3D 打印是一类将材料逐层添加来制造三维物体的"增材制造"技术的统称，其核心原理是"分层制造，逐层叠加"，类似于高等数学里柱面坐标三重积分的过程。区别于传统的"减材制造"，3D 打印技术将机械、材料、计算机、通信、控制技术和生物医学等技术融合，具有缩短产品开发周期、降低研发成本和一体制造复杂形状工件等优势，未来可能对制造业生产模式与人类生活方式产生重要的影响。按照 3D 打印的成型机理，可将 3D 打印分为沉积原材料制造和黏合原材料制造两大类。较为成熟和具备实际应用潜力的 3D 打印技术有 5 种：SLA-立体光固化成型、FDM-容积成型、LOM-分层实体制造、3DP-三维粉末粘接和 SLS-选择性激光烧结。

图 4-10

使用 3D 打印机可以构建出具有超精密细节的模型，通常用浅象牙色或灰色材料进行打印。在某些情况下，一些特殊的细节还必须经过手工制造或再加工来完成。制造模型的目的是确保产品在人体工程学方面设计合理，并在必要时进行修改，还可以用于摄影、演示和市场营销。最终完成的 3D 打印模型，看起来就如同真实的产品，无论是颜色还是纹理，都非常逼真，如图 4-11 所示。

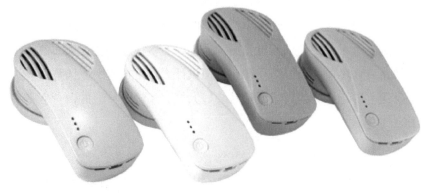

图　4-11

3D 打印技术除了应用于产品原型、汽车制造领域，还可应用于医疗行业、科学研究、文物保护、建筑设计、制造业、食品产业、配件与饰品等。

4.3 数字端方案表达与建模

数字化设计是指利用计算机软硬件及网络环境完成产品开发全过程的一种技术，即在计算机辅助下通过二维软件、三维软件进行建模，全方面地表现产品的主题和概念，主要包括产品造型、色彩、材质、结构等方面。

产品设计的二维表现是借助计算机软件来表达产品设计构想的过程，其原理是以二维的方式来体现三维。在进行产品计算机辅助设计时，通常会借助数位板（手绘板）等工具来表达，这也是设计人员常用的设计工具，其表达方式跟传统的手绘方式相同，而且相对更为简单、灵活。

目前产品设计二维表现常用的计算机软件主要包括 PS、AI、Painter、CorelDRAW、Sketchbook 等，其中 PS 的使用最为广泛。

PS 是 Adobe Photoshop 的缩写，是 Adobe Systems 开发的图像处理软件，主要处理以像素构成的数字图像。通过其众多的编修与绘图工具，可以有效地进行图片编辑工作。PS 有众多功能，涉及图像、图形、文字、视频、出版等方面。PS 支持的系统有 Windows、安卓与 Mac OS，Linux 操作系统用户可以通过使用 Wine 来运行 Adobe Photoshop。

目前，在专业的工业设计公司招聘条件中，会使用平面软件绘制产品效果图已经是基本条件之一。因此,二维产品设计表现在设计公司中应用广泛。在一般家电类产品设计过程中,使用平面软件进行二维效果图表现,完全可以达到三维软件制作的效果。相对于三维表现,二维更加简便、快捷。

Photoshop 作为位图软件,提供了大量的自由绘画工具,可绘制各种自由曲线和常用图形,可快速表现出逼真的产品光影和材质效果。通过图层样式特效等工具,可快速呈现产品立体效果,而且其图形处理功能强大,非常适合于产品细节的表现。

在产品设计的二维表现过程中,遵循从整体到局部的表现原则,根据绘制好的轮廓线以及设想的光源表现每一部分的主体颜色、高光、阴影等细节。在光影效果的基础上,增加产品的材质表现,模仿真实材质进行效果处理。这也是计算机辅助设计的一般程序。在此之前,我们需要掌握选取方法、绘画工具、颜色调整、路径工具等内容。

1. 数字二维渲染表现过程

下面以实例介绍制作产品渲染的详细过程,希望同学们能够在学习产品设计的过程中掌握有用的技巧。在此实例中,使用软件 Sketchbook 来确定产品的透视关系。使用三点透视指南,在图层上绘制缩略图,如图 4-12 所示。随着该过程的深入,此处绘制的线将用作透视辅助线,中心线确定镜头的起始位置,这里用蓝线表示镜头中心。请注意它是如何与构造线在正面和背面的位置相交的。

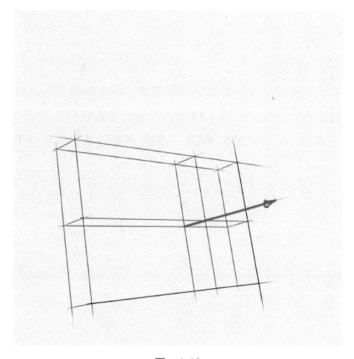

图 4-12

2. 透视辅助

构造相机镜头时，使用椭圆工具，将其中心线对准在上一步中，以蓝色突出构造线。这使椭圆的角度与其他几何形状完美对齐，如图4-13所示。然后将椭圆的宽度绘制成满意的尺寸。如果想深入了解透视图，可以在整个透镜周围制作一个立方体，并使用其侧面作为椭圆的引导。

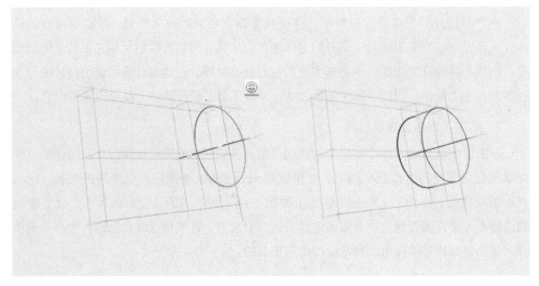

图 4-13

3. 创建轮廓

透视确定后便该进行设计了，首先是创建轮廓。略微调整大小以适应初始概念，但是应该尝试尽可能靠近构造线，如图4-14所示。设计中的任何直线都应与构造线相切。

为了使着色更容易，可以尝试在新图层中细化所有线条，然后将其隐藏起来。

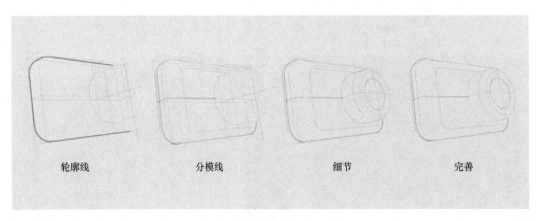

轮廓线   分模线   细节   完善

图 4-14

4. 着色

　　着色过程中，每种材质应用不同的底色。如图 4-15 所示，在案例中插入了三个箭头，可以明显分辨出光源的方向。可以使用选择工具，突出显示要聚焦的部分，选取不同的配色突出材质，如图 4-16 所示。这样会使得着色更容易。在完成主体的色块区分后，再进行细节上的调整，如图 4-17 所示。

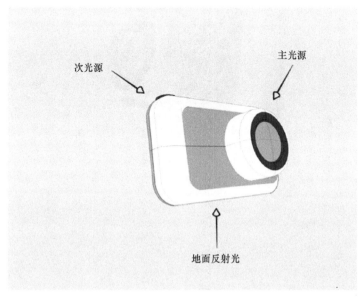

图　4-15

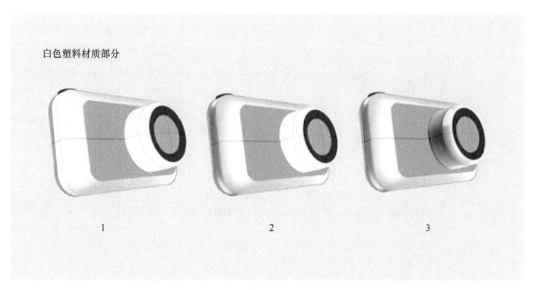

图　4-16

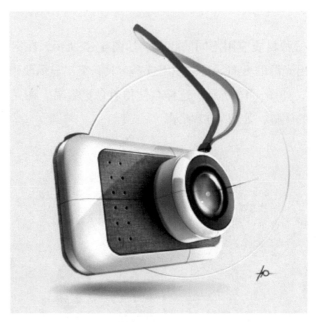

图　4-17

5 第五章
产品设计的方案评估及优化

5.1 设计思路评估

每个设计决策都会影响产品的用户体验。成功的产品设计，需要在概念阶段做出明智的决策，因为后期再进行更改，可能会变得非常费力且极大地增加成本。

产品设计从初期创意，到概念方案设计，大致包含以下主要阶段：

1）探索——确定"有什么需求？"

2）创建——提出想法，思考"如何满足需求？"

3）评估——判断并测试设计概念，以确定"满足需求的程度如何？"

扫一扫

产品评估的常用方法

设计评估，实际上就是在设计过程中，反思各个阶段应该执行的操作是否符合最初的设计构想。同时，通过设计评估，舍去那些没有满足标准的方案，以及为选择某一种方案进行改进提供指导。设计评估通常可以在产生初始概念阶段之后进行，也可以在有了详细设计方案之后再进行，最后在设计投放到市场之前，必须进行一次多方参与（例如小组成员，公司不同部门的团队等）的严格的设计评估。评估的目的是为寻找最优解决方案提供更直观的方法，并刺激设计人员产生新的想法。

在前面章节中，我们了解了发现问题和定义问题的思路，接下来我们将着重了解如何评估设计概念，以求得到最优化的设计方案。

5.1.1 设计概念的初步评估

产品概念评估是一种评估类型，是指开发的产品概念，由用户或专家组进行审查。通常这些评估是根据用户和其他利益相关者的偏好，来选择或优化产品概念。被评估的产品概念可以具有不同的形式（描述性的、图样或原型），如图 5-1 所示。通常这些产品的评估是在受控环境中进行的，一组人员根据一系列预设的问题来判断产品概念。这些评估项目有着不同的目的，包括概念筛选、概念优化和决策执行。

在评估一个设计概念时，一般是通过对大量"是否问题"的判断，来帮助评估者审阅设计议题。在深入研究评估方法之前，应该先剔除不符合项目基本要求的想法。这一决策过程可以在短时间内对大量的方案想法进行回顾。评估标准包括但不限于以下问题：

1）这个想法在市场中有竞争力吗？（是／否）

2）它能够让目标受众满意吗？（是／否）

3）这个想法容易落地吗？（是／否）

4）这个想法能否帮助到用户？（是／否）

5）这个想法是否符合产品定位？（是／否）

6）这个想法所需的预算可以接受吗？（是／否）

……

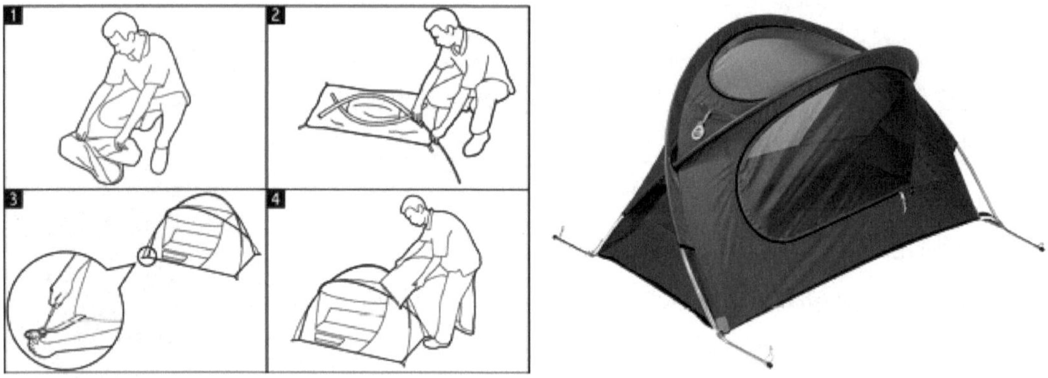

a)   b)

图 5-1

通过／不通过的产品概念评估，旨在验证重要的设计决策。这些决策通常涉及 2 个或 3 个产品概念之间的选择。设计人员可以根据需求和计划做出决定，但是有时也有必要让用户组来验证这些决策。

概念筛选，旨在选择有价值的产品概念，尤其是当大量的产品创意或产品概念产生之时。这些产品的构想和概念必须在进行筛选后进一步地开发。概念筛选通常邀请的专家包括设计人员、工程师、营销人员或用户组中的代表。这种方法可以审核大量的设计概念，但在着手实施之前，也应首先考虑评估标准的制订是否合理，以避免一些可能成功的好想法被排除出局。

5.1.2 产品设计的基本评估维度

设计和创新，在今天的商业成功案例中，扮演着至关重要的角色。通过创新的想法来推动组织的进步，创新的想法也将有助于产品在市场竞争中保持优势。

设计人员在为不同项目选择创意或不同的设计方案时，也需要一个评估的过程。为了实现选择过程的最优化，应考虑使用合适的评估方法，以确保所选择的创意或设计理念是实现目标的最佳选择。

产品设计评估，对于评测所有制造业领域产品设计的可靠性和可行性来说至关重要。传统的设计人员一般是根据感性经验进行主观评价和决策。而在当前，产品更新换代的速度越来越快，设计对象越来越复杂，仅仅依靠直觉、主观评价和决策，已不能适应时代的要求。

在当下，成功的产品设计满足了消费者的需求，对于设计人员来说，认识到这些需求是非常重要的。除了功能性之外，需求还包括用户的习惯、情感和文化。然而，开发新产品是一个充满未知数的过程，为了减少风险和不确定性，设计人员需要仔细评估新产品的方案，并做出准确的决策。从最初的概念到实际产品落地，产品在设计过程中的一个重要内容，是力图满足终端用户的需求。因此，产品设计评估必须存在于产品开发过程的概念阶段到设计阶段。

在通用的产品设计评估的体系中，从设计角度对产品设计进行了分析、评价和选择。有许多设计方面的因素影响设计评估，这些因素称为"基本评估维度"。主要内容包含：

1）可行性。

2）经济性。

3）环保性。

4）可靠性。

5）安全性。

6）可维护性。

7）美学特征。

8）人体工程学设计。

一般来说，设计的评估维度是非常多的，上述这些仅仅是基础评估中经常会应用到的维度，我们还需要根据具体的产品进行调整。这些基础评估维度如何应用，将在接下来的内容中进行解释。

5.1.3　产品设计矩阵评估法

各项基本评估维度的重要性如何？其在评估中该如何进行取舍？矩阵分析图是一个常见的分析工具，用于横向比较产品各方面的好坏。运用这种方法，评估人员可以将不同的方案用一个特定的矩阵和一系列标准来进行对比。每个标准都对应一个特定的分数。例如，产品可行性分析可以包括以下分数集。

得分 0：完全不具备可实现性。

得分 1：仅在某一方面具备可行性。

得分 2：大部分还未达到可行性的实施标准。

得分 3：需要花费巨大成本才能实现。

得分 4：可行性还有欠缺，但是有办法完全克服或改进。

得分 5：在各个方面都具备可行性。

比较完成后，将使用总得分来反映项目实际情况。这个分数基于诸多因素，它可以用于衡量设计概念能否成功的可能性。评估过程完成后，每个想法将得到一个总分。每个评估者将会提供关于这个想法的意见和反馈，这些也可以用来改进方案。

1. 可行性

见表 5-1。可行性这一基本因素，存在于几乎所有的工程学科之中。当然，产品的细节取决于制造技术，除了制造难易程度以外，产品在设计时所考虑的装配的便捷性，也是衡量产品是否可行的标准之一。如果产品包含的零件较少，则装配所需的时间较少，从而降低了装配成本。此外，如果零件具有易于掌握、移动、定位和插入的特征，也将减少装配时间和装配成本。除了站在制造角度考虑以外，从技术角度来看，是利用现成的技术，还是需要重新开发，这些都会影响对于可行性的判断。可行性的分析能够有效帮助企业避免产品开发制造过程带来的风险，但对于正在学校学习设计的同学们而言，这是在产品概念评估阶段需要思考的一个因素，但并不能仅仅因为可行性，就否决一个方案。

表 5-1

可 行 性	1	2	3	4	5
简便					
标准配件					
材质加工工序					
通用部件和材质					
装配工序					
耐受度					
应用现有流程					
制造工序					
配件简化					
易于检验					
设计易于生产					
配件多功能化					
避免生产难点					
易于运输					
后期维护成本					

（续）

可 行 性	1	2	3	4	5
整体轻量化					
可折叠或平板化储存					
易于回收					

2．经济性

见表5-2。成本控制也是评估产品概念的一个维度。经济上成功的产品是可调配的。所有制造商的主要目标都是产生利润。因此，设计人员在了解成本效益的基础上，可以有效评估材料或制造工艺的成本。

表　5-2

经 济 性	1	2	3	4	5
设计和开发成本					
材料成本					
生产成本					
装配成本					
配件成本					
超出预算开支					

3．环保性

见表5-3。当前，环境问题对制造业来说是一个具有挑战性的问题。对于环保性的考虑，可以有效降低产品对环境的负面影响。

表　5-3

环 保 性	1	2	3	4	5
材料修复和回收					
分解流程					
产品浪费最小化					
废料回收和再利用					
产品包装回收					
避免使用有害材料					
绿色环保生产过程					
生产噪声低于80分贝					

产品在制造过程中，消耗了原材料、能源并排放废弃物，这些对环境产生了不利影响。为解决这些问题，设计人员必须考虑产品的整个生命周期，从制造到产品回收再到处理废弃物。在产品生命周期中，存在许多回收、再制造、再利用和减少环境影响的机会。在评估阶段，设计人员必须考虑自己的产品是否能够成为环保性产品，这是一个具

有挑战性的问题。

只有注重以下几个方面的产品设计，才能称得上是在环保性方面较为可靠的产品。

1）绿色材料选择性设计。制造与包装环节的选材不仅要考虑使用条件和性能，同时要考虑材料对环境的影响，如尽可能选择纸质材料而非难以降解的塑料等。

2）绿色制造过程设计。加强对材料的管理和应用，使有用部分充分回收利用，没用部分采取特殊方法进行再处理，如新型纳米材料的生产与加工。

3）可回收性设计。使材料充分回收再利用，如可降解的塑料制品，可回收的铝制品等。

4）可拆卸性设计。设计的结构要打破传统连接方式，便于包装运输与维修，比如平板家具的包装等。

4. 可靠性

见表5-4。可靠性设计是确保产品能够以特定方式安全平稳运行。可靠性应该贯穿于产品的整个生命周期，包括开发、测试、生产和运行。可靠性是否良好，可通过以下几种方式定义：

1）产品或系统按照设计执行的能力。

2）产品或系统的抗故障性。

3）产品或系统执行特定时间段恢复工作的能力。

4）可靠性评估当中，还可能会应用到其他工程技术，如可靠性预测、热管理、压力测算等。

表 5-4

可 靠 性	1	2	3	4	5
失效安全保障					
部件易更换					
增加配件使用周期					
使用安全					
在最大加载情景下通过测试					
在真实情景下通过测试					
易损坏部件的设计改进					

5. 安全性

见表5-5。设计过程的目标通常是多方面的。产品不仅要满足其功能需求，还要满足某些非功能需求，其中一个重点就是安全。安全的产品，是指不造成人身伤害和财产损失，不污染环境的产品。如果不能保证产品本身的安全性，则应当考虑是否有设计防护罩、断路器、安全阀等保护装置，以减轻危害。在无法消除所有危害的情况下，需要评估产品是否具备适当的警告和提示装置。

表　5-5

安　全　性	1	2	3	4	5
产品稳定性					
发生错误时警报					
多种触发安全保障的方式					
使用过程监控					
造型避免尖角					
材料避免危害					
易滑部件控制					
使用过程信号清晰					
危险发生的暂停机制					

6. 可维护性

见表 5-6。可维护性是指产品维护的难易程度。产品通常有需要定期更换的部件。在产品设计过程中，预测所需的服务操作是很重要的。设计人员必须尽可能简化拆卸和组装的人工劳动过程。例如，手动拆卸面板才能更换电池，没有其他能够省力的结构，那么这种产品的可维护性就很低。提高产品服务能力的最佳方法，就是通过提高组件和系统的可靠性，来降低人工维护的成本。

表　5-6

可　维　护　性	1	2	3	4	5
产品可见性					
配件易更换					
避免不可拆卸的结构					
模块化设计易于维护					
出错自检					
维护的提醒					
标准结构的应用					
产品的兼容性					
维护成本低					

7. 美学特征

见表 5-7。通过提升产品的审美品位，来促进产品的销售，例如，材质肌理的处理、平滑度、光泽/反光度、纹理、图案、曲线度、配色、自然性，与用户审美语言一致，外观与功能统一以及符合流行趋势等。设计美学这一维度的评估主要关注设计、外观和人们对产品的感知方式。设计美学关注产品的外观，并研究与产品相关的设计语言。通过对这一维度的反思，帮助设计人员将产品功能与产品外观的美学特性相统一，并将它们与正确的目标用户进行匹配。

表　5-7

美 学 特 征	1	2	3	4	5
平滑处理					
光泽/反光度					
纹理					
图案					
曲线度					
平衡的美感					
配色					
自然性					
用户审美语言					
外观与功能统一					
流行趋势					
整体形态					

8. 人体工程学设计

见表 5-8。人体工程学是产品在设计时必须要考虑的因素之一，它是对人体结构特征和机能特征进行的研究，提供人体各部分的尺寸、重量、体表面积、比重、重心以及人体各部分在活动时的相互关系和可及范围等人体结构特征参数；还提供人体各部分的出力范围以及动作时的习惯等人体机能特征参数，分析人的视觉、听觉、触觉以及肤觉等感觉器官的机能特性；分析人在各种劳动时的生理变化、能量消耗、疲劳机理以及人对各种劳动负荷的适应能力；探讨人在工作中影响心理状态的因素以及心理因素对工作效率的影响等。

表　5-8

人 机 因 素	1	2	3	4	5
装配合理					
使用环境					
符合操作姿势					
可调节角度					
操作过程安全					
不可威胁健康					
人性化操作					
自动化操作					

对于一件产品，如何来评价它在人体工程学方面是否符合规范呢？以德国 Sturlgart 设计中心为例，在评选优良产品时，人体工程学方面设定的标准为：

1）产品与人体的尺寸、形状及用力是否配合。

2）产品是否顺手和方便使用。

3）是否能防止使用者操作时发生意外伤害和错用时产生的危险。

4）各操作单元是否实用，各元件在位置和功能方面是否明确。

5）产品是否便于清洗、保养及修理。

人体工程学涉及用户、产品和环境的相互作用关系，涉及人的一切。产品和工作系统中，在休闲、健康和安全等方面，都应该体现出良好的人体工程学。人、产品、操作产品的空间，都是人体工程学方面需要考虑的重要元素。例如，操作者应具有符合人体尺寸设计标准的足够空间。在了解用户数据、产品信息和空间的基础上，需要评估这些数据之间的合理性。人体工程学因素往往是企业提高竞争力的手法之一。若说"人性化产品"是与"人"合为一体的产品设计，"人体工程因素"则是设计工业产品时的人机界面所必须考虑的因素。

5.1.4　SWOT 分析

成功的设计人员或产品经理甚至是企业家，都有一个共同点，就是擅长以最明智的方式去制订产品战略，规划产品的市场策略，其中最有效和常用的战略规划工具之一就是 SWOT 分析。SWOT 分析（Strengths，Weakness，Opportunities，Threats，SWOT）也称为态势分析法，如图 5-2 所示，指的是该创意在市场上的优势、劣势、机会和威胁。此种评价方法能够拓展评价者的视野，基于这四个因素来评价创意，根据市场相关因素，来预测设计创意在市场上的成功概率及风险。这是一种非常灵活的分析工具，几乎可以应用于所有类型的产品项目。

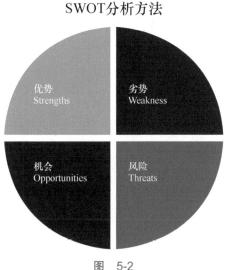

图　5-2

事实上，这也是一种典型的战略规划工具，最早源于商业和营销分析，用于团队或个人进行反思和评估特定战略构想的优势、劣势、机遇和威胁，以及判断后期项目该如何实施。它在各类评估任务中都具有很重要的作用，既可以作为项目初始阶段收集和检索信息的工具，也可以作为深入评估方案和集中评估某个创意亮点的法宝。

这个分析工具，虽然最初用于评估市场战略和商业机遇，但事实上，它也可以用于评估设计方案的创新性和可用性，以便发现成功概率较高、能接地气和风险较低的想法。SWOT 分析是评价创新理念能否成功的明确而直接的工具之一。

设计人员在使用 SWOT 分析时，大多是从分析竞争产品的详细信息开始的。它对于研究主要竞品的成功原因和存在的弱点，了解如何向竞品学习，并改进自己的创意都是非常有用的。

当然，SWOT 分析还可以用于评价创新理念和设计创意的各方面因素。通过评估设计方案的创新性和创造力，探索成功之道。

在开始 SWOT 分析之前，设计人员必须制订一份问题清单，以头脑风暴的方式来收集答案，以便为下一阶段研究的展开打下坚实的基础。

此分析阶段是根据四个 SWOT 因素去评估创意想法。

1）Strengths 优势，即分析创意的亮点：

这个主意有什么好处？

这个想法有什么成功的地方？

现有的资源有哪些？

其他人如何看待这个想法？

2）Weakness 劣势，即分析创意的缺点：

如何改进这个想法？

这个想法在经验、团队和资源方面缺乏什么？

什么事件能阻止这个想法取得成功？

其他人认为这个想法有什么缺点？

3）Opportunities 机会，即分析创意的机遇：

这个想法在市场上有什么机会？

公司如何帮助这个想法成功？

4）Threats 风险，即分析创意的风险：

这个想法面临的障碍是什么？

这个想法的弱点和风险在哪里？

这个想法可能面临的财务问题是什么？

通过对四大因素的考量，可以帮助设计团队对于新产品概念的优势、劣势、机会和风险有更清晰的观察和思考，有助于理清创新的思路，懂得如何将创意转化为成功的产品或服务。在评估阶段，使用SWOT分析工具，设计人员可以把握机会去克服弱点和威胁，力争将项目变成一个成功落地的产品。

SWOT的分析结论可以用图表来分类和概括。SWOT分析图通常表示为由四个部分组成的正方形。每个框中罗列出了收集到的优势、劣势、机会和风险。优势列在左上角，劣势列在右上角，机会列在左下角，风险列在右下角。在表格中的四个方面，都有助于帮助设计人员或产品经理找到真正有价值的研究结论。

小结：为何在设计项目之初进行分析如此重要？因为通过评估，可以帮助设计人员制订新的设计策略，或修改旧的设计方案。上述这些评价方法，有助于帮助设计人员进行设计反思和选择最具市场竞争力的设计理念，以实现设计目标。当然，这些评价方法既可以按顺序使用，也可以单独使用。一旦设计创意通过了上述评估，就可以进入实施阶段，进入一个完整的生产开发过程中。当然，也要确保具体的设计创意想法被不同身份的评审员（可以是设计人员、产品经理、工程师、市场分析师等）认可和批准。

还在就读设计专业的同学，需要将上述分析方法视为一项必要的练习，以提高自己的评估能力。这将有助于同学们处理目前的课题和未来的真实设计项目。关注前文中提到的要点，同学们将能够在短时间内提交有效的设计项目，从而产出令用户满意和具有市场潜力的设计方案。

5.2 如何做一位好的评估者

5.2.1 通用评估流程

评估流程的成败与评估的计划是否足够细致密切相关，它建立在评估环境、评估者的身份、评估实践操作、时间限制、现有信息和可用资源的基础之上。在评估阶段，根据这些详细的基础信息，以及针对需要评估的产品类型来设定评估计划。前文提到的是几种常用评估方法，但需要注意的是，没有一种评估方法适用于所有创意类型。因此，在这里我们来谈谈通用的一些评估流程该如何进行操作。

建议在确定评估需求时，首先制订出整个评估计划，通用的评估计划可以通过以下方式进行：

1）召集与评估主题相关的人员。

2）在资源和时间的限制条件下，就团队成员的角色和职责进行分配。

3）确定要进行评估的方案类型。

4）定义关键的评估问题和信息需求。

5）整理现有信息。

6）通过评估小组审查现有信息，确定可用信息。

7）记录此过程。

8）内部讨论得出合理的创意方案。

9）小组共同思考解决出现的问题并有效实施计划。

制订有效的评估计划，可以概述和绘制出每个评估环节的要求和实施情况。虽然计划之间可能会有一定程度的差异，并且计划也会随着时间而变化，但每个评估计划都应考虑评估的原则和关键要素，评估计划的思路都具有一定的相似性。同时，评估的规模也会影响计划中评估结果的细节。

5.2.2　注意事项

1）被邀请的受访者应该属于一个或多个预先设置的用户组。可以根据社会文化特征或人口特征进行选择。同时还要考虑一个重要问题，即受访者对产品类别的了解程度。

2）应使用评估计划来指导评估过程的实施，评估计划呈现出了评估团队的职责、评估的时间安排和流程的详细信息，因此应谨慎制订。

3）应该定期检查计划，并在必要时进行调整，如实反映项目或计划的变更。

4）在发生变更的地方，应强调并分发告知大家修订后的计划，注意在职责或时间安排上进行变更的沟通。

5）定期团队会议能够解决问题，确保评估流程有效运行。

6）确保计划中的各项规定被有效执行，注意时刻与团队成员共享信息。实施监控程序，对于有效收集信息而言至关重要。

参考文献

[1] 佐藤大，川上典李子 . 由内向外看世界 [M]. 邓超，译 . 北京：北京时代华文书局，2014.

[2] 蔡赟，康佳美，王子娟 . 用户体验设计指南——从方法论到产品设计实践 [M]. 北京：电子工业出版社，2021.

[3] 戴力农 . 设计调研 [M]. 2 版 . 北京：电子工业出版社，2016.

[4] 柳冠中 . 设计方法论 [M]. 北京：高等教育出版社，2011.